Rose Marie Dähncke
200 Pilze

Rose Marie Dähncke

200 Pilze

180 Pilze für die Küche und ihre giftigen Doppelgänger

AT Verlag Aarau · Stuttgart

5., durchgesehene und
korrigierte Auflage, 1992

AT Verlag Aarau/Schweiz
Fotos: Rose Marie Dähncke
Gesamtherstellung: Grafische Betriebe
Aargauer Tagblatt AG, Aarau/Schweiz
Printed in Switzerland
ISBN 3 85502 145 7

Inhalt

Das Buch für den Speisepilzsammler

Die Zahl der Speisepilze

«Wie viele essbare Pilze gibt es eigentlich?» wurde ich immer wieder während meiner pilzkundlichen Lehrtätigkeit gefragt. Nun, in diesem Buch werden 180 Speisepilze vorgestellt und besprochen. Zusätzlich werden äusserlich ähnliche essbare Arten genannt und die kleinen Unterschiede angegeben. Weitere gute Pilze werden an passender Stelle aufgezählt und dann die Seite aus «700 Pilze in Farbfotos» aus dem AT Verlag vermerkt, damit der Wissensdurstige Gelegenheit hat, dort einmal nachzuschlagen, wo er nochmals 135 neue Speisepilze entdecken wird. Und die Zahl der geniessbaren Pilze würde sich noch um viele erhöhen lassen, wenn man all die weiteren essbaren Täublinge, Champignons, Schirmlinge, Haarschleierlinge, Ritterlinge usw. aufzählen wollte. Also ist die Frage nach der Menge der Speisepilze schwerlich mit einer einzigen genauen Zahl zu beantworten.
Die Auswahl der Speisepilze dieses Buches geschah nicht nur nach deren Geschmack, sondern auch nach ihrer Häufigkeit, und so ist auch einmal ein Pilz dabei, der eines Spezialrezeptes bedarf, um das Beste daraus zu machen. Ich halte es für vorteilhaft, dem Sammler auch mittelmässige, jedoch gut verwertbare Massenpilze vorzustellen, weil ihm dadurch manche grosse Ernte gesichert ist. Einige Speisepilze wurden hingegen in diesem Buch nicht aufgenommen, weil sie recht selten sind und meist nur in Einzelexemplaren auftreten (z. B. der Hasenröhrling und der Kornblumenröhrling). Der Pilzfreund, der die Pilze zwar isst, aber sie auch gern hat, wird solche Raritäten verschonen und sich nur durch Betrachten an ihnen erfreuen.

Die Giftpilze muss man kennen

Zur Sicherheit für den Pilzsammler werden die 20 wichtigsten giftigen oder ungeniessbaren Doppelgänger guter Speisepilze in Fotos vorgestellt und ausführlich besprochen. Er wird das begrüssen, weil er oft kein Vertrauen zu seinem gefundenen Pilz haben wird, wenn er nicht genau weiss, ob er einen Doppelgänger hat, der diesem ähnlich sieht. Auch kaum giftige und nur wegen ihrer Bitterkeit ungeniessbare Pilze sind in diesem Kapitel enthalten, weil sie immer wieder den Anfänger narren und noch manchem «alten Hasen» einmal das Pilzgericht vergällen.

Durch Zeichnungen Pilzformen erkennen

Die Anzahl von 200 Pilzen zeigt schon, dass dieses Buch für den fortgeschrittenen Pilzsammler gedacht ist, aber auch für den Anfänger, der noch mehr Esspilze kennenlernen möchte. Zeichnungen der markantesten Hutformen, Lamellen, Stielformen usw. helfen, die Pilze leichter zu bestimmen (S. 17 ff.).

Schadet das Sammeln den Pilzen?

Die zweite Frage, die immer wieder gestellt wird, bezieht sich auf die Ausrottung der Pilze durch das Sammeln. Ich würde nicht ein so grosses Buch für den Speisepilzsammler schreiben, wenn dadurch unsere Pilzwelt gefährdet wäre. Jahrzehntelange Beobachtungen haben gezeigt, dass auch durch absichtliches totales Absammeln der Pilzbestand nicht verringert wird. Es stellten sich zwischendurch immer wieder Massenernten ein (z. B. vom Steinpilz), manchmal sogar zwei Jahre hinterein-

ander. Ja, nach Jahren kamen plötzlich neue Pilzarten hinzu, die nach genauen Aufzeichnungen vorher nicht da waren. Es hat sich gezeigt, dass Pilze auch gegenüber Umwelteinflüssen gar nicht so empfindlich sind. In der SZP (Schweizerische Zeitschrift für Pilzkunde, 57. Jahrgang, Mai 1979) berichte ich über 17 Arten, direkt neben einer Bergstrasse wachsend, die gegen Streusalz widerstandsfähig sind. Im Jahr nach diesem Bericht kamen noch einige Arten hinzu.
Ich habe auch den Gegenversuch zum Sammeln gemacht und etwa 25 Flockenstielige Hexenröhrlinge in einem umzäunten Waldstück nicht geerntet. Diese Stelle, an der keine forstlichen Veränderungen vorgenommen wurden und die den Waldläufern nicht zugänglich war, habe ich 9 Jahre lang beobachtet. Die Hexenpilze sind nicht ein einziges Mal wiedergekommen. Ähnliche Beobachtungen über turnusmässiges Erscheinen oder jahrelanges Ausbleiben habe ich auch an ungeniessbaren Pilzen in abgelegenen Wäldern machen können und war zum Schluss der Überzeugung, dass die jeweilige Pilzart überhaupt nur kommt, wenn alle Wachstumsbedingungen von der Natur selbst erfüllt werden. Auch sagt keiner unserer Pilzwissenschaftler, dass die Pilzfruchtkörper in ihrer gesamten Zahl oder überhaupt für die Erhaltung oder Vermehrung der unterirdischen Pilzpflanze benötigt werden.
Und wenn die Pilze nicht durch das Sammeln gefährdet sind, dann möchte ich mit diesem Buch eine Lanze brechen für den Pilzfreund, der die Pilze liebt, weil sie schmecken und den Küchenzettel so ungemein bereichern. Man sollte endlich tolerieren, dass es einerseits den Speisepilzsammler gibt und andererseits den Pilzfreund, der sich ausschliesslich botanisch für die Pilze im allgemeinen interessiert. Beide haben die gleiche Freude an ihrem Hobby, und auf die «Pilzesser» sollte nicht verächtlich herabgeschaut werden. Ich bin sogar der Meinung, die Aufklärung des Speisepilzsammlers stehe in keinem Verhältnis zu den derzeitigen Erkenntnissen über die Pilze. Immer wieder werden neue und oft essbare Arten erkannt, es stellt sich durch moderne Untersuchungsmethoden heraus, dass früher giftverdächtige Pilze doch essbar und gut sind, aber der Pilzsammler erfährt es nicht. Kaum fällt jedoch ein Stichwort wie «Cadmiumgehalt in Pilzen», wird in den Zeitungen völlig unberechtigt empfohlen, am besten überhaupt keine Pilze mehr zu essen. Durch diese Taktiken wird der Pilzsammler – unbeabsichtigt oder sogar beabsichtigt, weil die tieferen Gründe noch woanders liegen – endlich so verunsichert, dass er womöglich vom Pilzesammeln ablässt.
Ich würde mich freuen, wenn ich mit dem vorliegenden Buch erreichte, dass der Speisepilzsammler einige neue Arten dazulernt und bald merkt, dass manche davon besser schmecken als Steinpilz und Pfifferling, denen von jedermann nachgestellt wird, so dass man oft zu spät kommt und keine mehr findet. Mit einem reichen Wissen kann sich der Sammler das ganze Jahr über mit Pilzen versorgen und seinen Wintervorrat schaffen, denn auch im schlechtesten Pilzjahr gibt es irgendeinen Pilz immer noch reichlich.

Jahreszeit und Standort als Erkennungsmerkmal

Jeder Pilz hat seine Jahreszeit, und die meisten von ihnen leben in enger Gemeinschaft mit einer Baumart oder mehreren. Manche können darüber hinaus nur auf Kalkboden wachsen, und so kommt es, dass man in jedem Wald die ihm angepasste Pilzgesellschaft vorfindet. Was lag also näher, als diese natürli-

chen Pilzgesellschaften auch in diesem Buch in Kapiteln zusammenzufassen, so dass nun auf ein paar aufeinanderfolgenden Seiten zu finden ist, was Sie gerade in einem bestimmten Wald entdecken. Vor den einzelnen jahreszeitlichen Kapiteln finden Sie übersichtlich die Standorte in Stichworten, die sich dann am Kopf aller Fotoseiten wiederholen. Um bestmöglich mit diesem Buch zu arbeiten, sind also Kurznotizen empfehlenswert, in welcher Art von Wald (Laubwald, Nadelwald, Mischwald) oder unter welchen speziellen Bäumen der Pilz gefunden wurde, den Sie neu bestimmen möchten. Für die Vereinfachung der Pilzbestimmung ist auch wichtig zu wissen, ob Kalk im Boden ist. Kennt man die Bodenbeschaffenheit des abzusuchenden Geländes nicht, so lässt sich der Kalkgehalt am Vorkommen bestimmter Pilze und Pflanzen erkennen.
Kalkanzeigende Pilze und Pflanzen:

- Pilze: Morcheln, Riesenscheidenstreifling, Goldstieliger Pfifferling, Abgestutzte Keule, Schweinsohr, Rötlicher Gallerttrichter, Semmelbrauner Schleimkopf, Anis-Klumpfuss, Netzstieliger Hexenröhrling, Körnchenröhrling.
- Pflanzen: Wiesensalbei, Grosser Ehrenpreis, Mücken-Händelwurz, Pestwurz, Zweiblättrige Waldhyazinthe, Sanikel, Odermennig, Mehlprimel, Kriechende Hauhechel.

Wenn sich zwei Jahreszeiten überschneiden, muss man auch im vorhergehenden oder nachfolgenden Kapitel nachsehen.
Meine Pilzjahreszeiten entsprechen nicht genau dem Kalender, sondern der Sommer findet zur warmen Jahreszeit statt, während der die Pilze meist pausieren, und der September muss hingegen kein Sommermonat sein, da es dann schon recht herbstelt und die Herbstpilze bereits wachsen. Diese pilzempfundenen Jahreszeiten wird der Pilzsammler sicher mit mir teilen. Einzelne Nachzügler mancher Pilzarten können auch ein paar Wochen nach der eigentlichen Haupterscheinungszeit auftreten; also wird man das vorangegangene Kapitel ebenfalls durchsehen. Dass es Nachzügler sind, erkennt man daran, dass ein an sich geselliger Pilz (z. B. der Maronenröhrling) nur noch in einzelnen Exemplaren auftritt. Sollte in ausgefallenen Regionen die Jahreszeit des Hauptschubes von der Regel abweichen, macht man sich am besten Notizen darüber, damit man in den Folgejahren immer zur richtigen Zeit nach seinen Pilzen suchen kann.

Das Kochen wird ganz leicht gemacht

Dieses Buch macht sich zur Hauptaufgabe, die grosse Zahl der essbaren Pilze vorzustellen, aber bei einem Angebot von 180 Speisepilzen möchte der Leser auch wissen, was er mit dem Pilzsegen anfangen kann. Daher gebe ich Ihnen in einem Kochkapitel zunächst Anweisungen für das Putzen, Waschen, Schneiden usw., und genau so wie ich Ihnen das Pilzekennenlernen leicht gemacht habe, mache ich Ihnen jetzt auch das Kochen ganz leicht. Aus wenigen Grundrezepten können Sie durch kleine Abwandlungen nach persönlichem Geschmack oder mit vorhandenen Zutaten immer wieder neue Gerichte zaubern. Da gibt es kein Misslingen, weil Sie das Grundrezept so gut beherrschen, dass es immer etwas werden muss. Was andere Kochbücher in 100 Rezepten darstellen, das machen Sie ohne besondere Mühe aus Ihren zwei, drei Grundrezepten. Am Schluss des Kochkapitels finden Sie noch die ausgewählt besten Möglichkeiten der Haltbarmachung von Pilzen, damit bevorstehende Massenernten dauerhaft aufbewahrt werden können.

Vor dem Sammeln zu lesen

Die Ausrüstung

Pilze wachsen am besten, wenn es reichlich geregnet hat. Gehen wir gezielt einige Tage später auf Pilzsuche, werden Gras, Moos und Unterholz im Wald noch feucht sein. Entsprechend derbes Schuhzeug verhindert nasse Füsse, die den Spass an diesem Ausflug beeinträchtigen könnten. Für uns wählen wir also die richtige Bekleidung und für die Pilze einen luftigen Korb, das einzig wahre Transportmittel. In Stoffbeuteln und Papiertüten zerbrechen die Pilze, im Rucksack müsste zusätzlich ein fester Behälter eingesetzt werden, aber dadurch bekommen sie schon wieder zu wenig Frischluft und Kühle. In Plastikbeuteln oder -behältern schwitzen sie, und das Pilzeiweiss beginnt sich schnell zu zersetzen, wodurch die besten Speisepilze zu einer Lebensmittelvergiftung führen. Also, der Korb muss sein. Dazu ein Messer, um die Pilze abzuschneiden oder auf Maden zu untersuchen. Dann Zeitungspapier für die unbekannten Pilze, die zu Hause bestimmt oder dem Pilzkontrolleur vorgelegt werden sollen. Und Notizblock und Bleistift für eventuelle Aufzeichnungen.
Der clevere Pilzsammler, der gern noch erfolgreicher sein möchte, wird sich bei interessanten Funden oder Massenvorkommen Notizen machen über Datum, Fundort, Baumbestand, Feuchtigkeit. Dann kann er im nächsten Jahr zur gleichen Zeit vielleicht wieder Glück haben, wenn die Witterungsverhältnisse stimmen.

Wie man zu einer guten Ernte kommt

Das ist ganz einfach: Pilze findet man mit Sicherheit bei der richtigen Feuchtigkeit zur richtigen Zeit im richtigen Wald. Die Feuchtigkeit kann man beurteilen: Sie wird ausreichend sein, wenn es in Abständen immer wieder einmal geregnet hat und der Waldboden frisch und nicht ausgetrocknet ist. Die richtige Zeit geht aus den Begleittexten der Pilzfotos hervor, und in welchem Wald man suchen muss, wird dort ebenfalls angegeben. Da die Pilze in diesem Buch nach Pilz- und Pflanzengesellschaften geordnet sind, können Sie in dem von Ihnen bevorzugten Wald günstigenfalls alle für dieses Gelände aufeinanderfolgenden Arten finden.
Pilze leben meist mit Bäumen in einer engen Lebensgemeinschaft, manchmal mit mehreren Baumarten oder auch nur mit einer einzigen (beispielsweise der Goldröhrling mit Lärche). Viele Pilze sind kalkliebend und können nur auf entsprechenden Böden wachsen. Bisweilen reicht aber auch schon aus, dass der Bauer seine Wiese mit Kalk bestreut hat, den ein scharfer Wind dann an einen nahen Hügel trug. So fand ich in einem völlig kalklosen Gebiet an einem Wiesenhang jahrelang eine zahlreiche Gesellschaft von kalkliebenden Pilzen. Auch eine Waldstrasse, deren Unterbau mit Kalksteinen von Hausabriss o. ä. geschottert ist, kann zur rechten Zeit «Kalkpilze» hervorbringen (Morcheln, Blutreizker).

Besonders pilzträchtig sind:
- Lichte Wälder mit wenig Unterholz und Buschwerk
- Waldränder mit Birken und Übergang zu Wiesen
- Ränder von Waldstrassen, besonders wenn Strassengräben mitlaufen, in denen ab und zu das Regenwasser aufgefangen wird

- Parkanlagen, weil dort unter den gemischten Laub- und Nadelbäumen viele Arten wachsen können
- Ausgedehnte Rasenflächen (Golfplatz u. ä.); dort stehen oft in Reihen und Kreisen Nelkenschwindlinge
- Weidewiesen mit einzelnen Bäumen; dort können Massenpilze wie Lilastieliger Ritterling auftreten
- Kuh- und Pferdeweiden, wo besonders nach einem trockenen Sommer der Wiesenchampignon reichlich erscheinen kann
- Umgebung von Sportplätzen, geteerten Radfahrwegen usw.; dort kann mehrere Monate lang der Stadtchampignon hervorbrechen
- Jeder Nadel- oder Laubholzstumpf, denn an ihnen spriessen noch Hallimasch oder Stockschwämmchen, wenn für erdbewohnende Arten der Boden schon zu trocken ist
- Schuttplätze und frisch aufgeworfene Erde; sie bringen oft Hunderte von Schopftintlingen hervor.

Mein Tip

Wenn Sie an Ihrem Wald angekommen sind, werfen Sie zuerst einen prüfenden Blick hinein. Können Sie von Ihrem Standort aus schon Pilze entdecken – ganz gleich, ob essbare, ungeniessbare oder überhaupt unbekannte – dann wissen Sie, dass dieser Wald die richtige Feuchtigkeit besitzt für ein allgemeines Pilzwachstum, und dann können Sie auch damit rechnen, dass hier die von Ihnen begehrten Speisepilze wachsen.

Nun heisst es, dieses Waldgebiet langsam und gründlich abzusuchen, um nichts zu übersehen; nicht voreilig in einen anderen Wald überwechseln, dort könnte vielleicht nichts stehen. Entdecken Sie von Ihrem Standort aus jedoch gar keinen Pilz, auch keinen kleinen oder klitzekleinen, dann ist dieser Wald zurzeit zu trocken und nicht pilzträchtig. Sie werden hier auch «Ihre» Pilze nicht finden. Dann sollten Sie ohne Verzug ein anderes Gebiet aufsuchen, in welchem eher etwas zu erwarten ist, vielleicht den Nordhang eines Berges, einen schattigen Auwald oder ein mooriges Gebiet mit Birken, wo auch während längerer Trockenheit noch einige Arten wachsen können.

Wo man nichts zu suchen hat

Tabu für den Pilzsammler ist dichtes Unterholz, wo das Wild zu Hause ist und seine Jungen zur Welt bringt. Wenn wir es stören, verärgern wir den Jäger, der ohnehin auf Beeren- und Pilzsammler nicht gut zu sprechen ist, weil sie Unruhe in den Wald bringen. Das gleiche gilt für Schonungen und Jungaufforstungen; durch Übertreten des Verbotes ziehen wir den Groll des Forstmannes auf uns, der für seinen Wald verantwortlich ist.

Wie gesammelt wird

Bekannte Esspilze können abgeschnitten werden. Das strapaziert die Stielbasis des Pilzes am wenigsten, und die Myzelstränge, die den Pilz halten, werden nicht in Mitleidenschaft gezogen oder gar zerrissen. Eventuell daran vorhandene junge Pilzansätze können sich so noch weiterentwickeln und Fruchtkörper ausbilden. Für Speisezwecke kommen nur Pilze in jungem oder mittlerem Entwicklungsstadium in Frage. Zu junge, also völlig geschlossene Exemplare nimmt man nicht, denn sie bergen eine grosse Verwechslungsgefahr mit Giftpilzen, weil man sie noch nicht erkennen kann. Ausserdem wird es dem Sammler auch leid tun, wenn er 5 Gramm Pilze jetzt erntet, statt 100 Gramm ein paar Tage später.

Alte Pilze lässt man grundsätzlich stehen. Sie sind immer gesundheitsgefährdend, weil sich das Pilzeiweiss zersetzt,

ohne dass es erkennbar ist. Alt sind Pilze, die weit aufgeschirmt, manchmal sogar nach oben aufgeschlagen sind wie ein übergeklappter Regenschirm, die schwammiges Fleisch oder ein dick hervortretendes und meist sehr feuchtes Röhrenpolster aufweisen, solche mit eingetrockneten oder nassen Rändern, mit Faulstellen oder mit üblem Geruch.
Unbekannte Pilze, die «so gut» aussehen und vielleicht auch essbar sind, die man deshalb auf jeden Fall kennenlernen möchte, nimmt man mit der Stielbasis und etwas anhaftendem Erdreich heraus. Eventuell vorhandene Hüllreste (Scheide) nicht entfernen, weil sie ein markantes Merkmal für die Bestimmung sind. Die überflüssige Erde wird vorsichtig abgelöst und der Pilz in das vorrätige Zeitungspapier eingewickelt. Sehen Sie sich gleich nach weiteren Exemplaren um, denn zur Bestimmung braucht man auch ein junges Pilzchen, das möglichst noch nicht aufgeschirmt ist, und auch einen alten Pilz mit reifen Lamellen. Der Pilzkontrolleur, den Sie zur Beratung aufsuchen, wird sich freuen, dass Sie an alles gedacht haben, oder Sie selbst werden zu Hause merken, wie die Bestimmung erleichtert wird, wenn man Pilze in allen Entwicklungsstadien vorliegen hat.

Pilze schon am Fundort putzen

Die Maden schlafen nicht. Auch eine noch so kleine Schar kann den Pilz bis zur Heimkunft oder gar bis zum nächsten Tag zerfressen haben. Gefährdete Pilze (z.B. Steinpilz und Perlpilz) durch einen Längsschnitt auf Maden prüfen und alles Befallene wegschneiden. Schleimige Huthaut abziehen (z.B. bei Butterpilz, Goldröhrling, Kuhmaul) und Stiel sauberputzen, dann braucht man sie später nicht zu waschen. Gerade diese Arten saugen viel Wasser auf und würden dadurch stark an Wert verlieren. Diese schon endgültig geputzten Pilze möglichst in einem Behälter gesondert aufbewahren oder auf eine Seite des Korbes, durch Papier abgeteilt, legen, damit sie nicht durch andere wieder schmutzig werden. Möchte man ohnehin eine Sitzpause einlegen, kann man auch draussen schon ein Körbchen voll zum Trocknen vorgesehene Pilze in Scheiben schneiden.

Transport und Aufbewahrung

Zum gezielten Sammeln haben wir zwar immer unseren Korb mit, aber was tun, wenn man ganz unvorbereitet auf einen überraschenden Pilzsegen trifft? Dann sollten Sie lieber nach einem grossen Stück Baumrinde als Behälter Ausschau halten, eher den Hut oder das Hemd nehmen als einen Plastikbeutel. Wie gross oder klein die Ernte auch immer sein mag, beim Verweilen zum Picknick gebührt ihr der kühlste Schattenplatz, der vorhanden ist, bei längerem Aufenthalt müssen die Pilze sogar ausgebreitet werden, damit sie nicht schwitzen. Auf keinen Fall dürfen sie im warmen Auto verbleiben.

Mit dem Pilzsegen zu Hause

Das Allerbeste, was man den Pilzen antun kann, ist, sie sofort nach dem Sammeln zu verwerten. Das heisst nun nicht, dass man sie auch sofort essen muss. Es genügt, sie nach der Reinigung vorzugaren, um sie am nächsten Tag weiterzuverarbeiten oder zu verzehren. Dazu die geputzten und fein aufgeschnittenen Pilze einmal mit etwas Öl in der Pfanne zum Aufkochen bringen. Durch das Erhitzen wird die Alterung sofort unterbrochen, es kann kein Aromaverlust eintreten, eine übersehene Made kann kein Unheil mehr anrichten. Nach dem Abkühlen im Kühlschrank aufbewahren.

Ist es nicht möglich, die Pilze am gleichen Tag wenigstens auf diese Weise zu verarbeiten, dann müssen sie am kühlsten Ort (Keller, Terrasse, Balkon) luftig auf Papier oder einem dafür vorgesehenen grossen Tuch ausgebreitet werden. Sie brauchen viel Luft, um nicht zu schwitzen. Im Korb oder nur unachtsam auf einen Haufen geschüttet, würden sie hohe Temperaturen entwickeln, was wiederum zu Eiweisszersetzung und Lebensmittelvergiftung führt. Eine kleine Menge kann im Kühlschrank übernachten.
Die Pilze, die man dem Pilzkontrolleur vorlegen möchte, werden in einen verschliessbaren Plastikbehälter oder in eine Blechschachtel umgelagert und in den Kühlschrank gestellt, damit sie nicht austrocknen und alles an ihnen frisch bleibt.
Hüten Sie sich vor einer grossen Pilzmahlzeit am Abend, auch wenn es Sie noch so sehr dazu verlockt; Sie müssten Ihre Gelüste vielleicht mit einer schlaflosen Nacht bezahlen, denn Pilze sind schwer verdaulich.

Die Schwierigkeit, sich mit Pilzen zu vergiften

«Es ist nicht leicht, sich mit Pilzen zu vergiften», begann die Redakteurin einer bekannten Tageszeitung ihren grossen Artikel über einen Pilzlehrgang bei mir, den sie als Pilzpraktikantin mitgemacht hatte. Und das trifft auch tatsächlich zu. Die wenigen wirklich sehr giftigen Pilze kann man sich einprägen und auch in der Natur studieren, wenn man das Glück hat, sie zu finden, denn sie sind gebietsweise recht selten. Vergiftungen mit ihnen erfolgen nicht etwa, weil der Giftpilz nicht hätte erkannt werden können, sondern weil man ihm gar keine Beachtung geschenkt und ihn gegessen hatte, «da er so gut aussah» oder «weil man dachte, es sei eine Art Champignon» oder einfach «weil er roh probiert nicht scharf geschmeckt hat». So leichtsinnig darf man natürlich nicht mit seinem Leben spielen. Wenn man weiss, es gibt tödlich giftige Pilze, kann man sie nicht einfach ignorieren. Man muss sie immer wieder zum Vergleich mit den Esspilzen heranziehen, bis man seine Pilze genau kennt. Gift in Pilzen schmeckt man nicht, und man kann es auch nicht riechen. Auch Schneckenfrass, Silberlöffel und schwarz anlaufende mitgekochte Zwiebeln sind keine Erkennungsmerkmale für Pilzgift. Da helfen nur sichere Kenntnisse.
Was bezeichnet man nun überhaupt als Pilzvergiftung? Das Wort hat so viel Erschreckendes an sich, dass ängstliche Menschen um alle Pilze einen grossen Bogen machen; dass sogar intelligente Leute bei der Pilzwanderung Handschuhe anziehen, weil sie glauben, das Gift wirke durch die Haut.
Es ist diese medizinische Bezeichnung «Vergiftung», die Angst und Schrecken einjagt, die zum Beispiel für Magendruck, abführende Wirkung, Übelkeit und Durchfall genauso angewandt wird, wie für Erbrechen, Rauschzustände, Schweissausbruch und Schwindel, aber auch für die schweren Komplikationen, die zum Tode führen können. Abgesehen von den wirklich gefährlich giftigen Pilzen, sollten die anderen eine weniger alarmierende Bezeichnung erhalten wie etwa «je nach Menge der verzehrten Pilze und der Konstitution der betreffenden Person harmlos, unbekömmlich, zu Magen- und Darmstörungen führend, o. ä.». Enthält ein grosses Mischgericht nur einen dieser «leicht giftigen» Pilze, merkt man das vielleicht überhaupt nicht. Mancher der in dem Giftpilzkapitel als Doppelgänger aufgeführten Pilze wäre nach Abkochen nicht einmal mehr unbekömmlich, sondern im Notfall sogar geniessbar (Satansröhrling), und ist nur dort enthalten, weil er seit eh und je als «Gift-

Die wichtigsten Giftpilze und Doppelgänger auf einen Blick

Genaue Beschreibungen der unten aufgeführten Pilze finden Sie auf den Seiten 211 bis 230, wo auch ausführlich die Unterschiede zu den ähnlichen essbaren Pilzen dargestellt werden. Hier nur eine Übersicht, die Ihnen zeigt, wie wenige gefährliche Pilze es gibt.

Grüner Knollenblätterpilz	Seite 211	gefährlich giftig	Gift durch Kochen nicht zerstörbar
Kegelhütiger Knollenblätterpilz	Seite 212	gefährlich giftig	Gift durch Kochen nicht zerstörbar
Orangefuchsiger Hautkopf	Seite 213	gefährlich giftig	Gift durch Kochen nicht zerstörbar
Ziegelroter Risspilz	Seite 214	sehr giftig	Gift durch Kochen nicht zerstörbar
Kegelhütiger Risspilz	Seite 215	sehr giftig	Gift durch Kochen nicht zerstörbar
Pantherpilz	Seite 216	giftig	Gift durch Kochen nicht zerstörbar
Fliegenpilz	Seite 217	giftig	Gift durch Kochen nicht zerstörbar
Riesenrötling	Seite 218	giftig	Gift durch Kochen nicht zerstörbar
Tigerritterling	Seite 219	giftig, besonders roh probiert	Gift durch Kochen nicht zerstörbar
Laubfreundtrichterling (Bleiweisser Trichterling)	Seite 220	giftig	Gift durch Kochen nicht zerstörbar
Feldtrichterling	Seite 221	giftig	Gift durch Kochen nicht zerstörbar
Nadelholzschüppling	Seite 222	giftig	Gift durch Kochen nicht zerstörbar
Frühjahrslorchel, Riesenlorchel	Seite 223	giftig	wurde ausreichend abgekocht früher gegessen und gehandelt
Bauchwehkoralle	Seite 224	unbekömmlich	verursacht Magen- und Darmstörungen
Kahler Krempling	Seite 225	roh giftig	nach 20 Minuten Kochen entgiftet, für viele trotzdem gefährlich
Birkenreizker	Seite 226	unbekömmlich	nach Abkochen unschädlich
Karbolchampignon	Seite 227	unbekömmlich	in Mischgericht nicht unbedingt schädlich
Schönfussröhrling	Seite 228	bitter	nach Abkochen unschädlich
Gallenröhrling	Seite 229	bitter	bleibt bitter
Satansröhrling	Seite 230	roh giftig	im Mischgericht essbar

pilz» gilt und der skeptische Leser annehmen könnte, ich hätte ihn vergessen. Seien Sie versichert, dass die gegenüberstehende Liste wirklich die Pilze enthält, die dem Speisepilzsammler gefährlich werden können. Gewiss gibt es noch weitere gifthaltige Winzlinge, wie Risspilze, Hauptköpfe, Zwergschirmlinge, kleine weisse Trichterlinge und einige mehr, aber von ihnen droht dem Sammler kaum Gefahr, weil sie keinem Speisepilz ähnlich sehen und für den Kochtopf wegen ihrer Schmächtigkeit nicht in Betracht kommen. Auch ein paar Grosspilze, die nicht in der Liste der Giftpilze enthalten sind, könnten zu Magen- und Darmstörungen führen, aber diese Arten würde man gar nicht essen können, weil sie ungeniessbar scharf sind (Speitäubling) oder auffallend schlecht riechen und schmecken (Spitzschuppiger Schirmling). Solche Doppelgänger sind bei den ähnlich aussehenden Speisepilzen vermerkt und die Unterscheidungsmerkmale angegeben. Ich möchte durch meine Ausführungen die Gefahr von Pilzvergiftungen nicht verharmlosen, dem Sammler aber gern ein Übermass an Angst davor nehmen.

Vergiftungserscheinungen

Beim Grünen Knollenblätterpilz und dem Kegelhütigen Knollenblätterpilz treten die ersten Anzeichen einer Vergiftung (Magenkoliken, Krämpfe, Erbrechen, Durchfälle) erst etwa 8 bis 20, manchmal erst bis 40 Stunden nach der Mahlzeit auf, beim Orangefuchsigen Hautkopf sogar erst nach 12 bis 15 oder sogar 20 Tagen. Der Betroffene muss unverzüglich ins Krankenhaus.

Stellen sich bald nach der Mahlzeit oder 2 bis 3 Stunden später Beschwerden ein (Magenschmerzen, Schwäche, Schwindel, Rauschzustände), wird es sich um eine meist ungefährliche Vergiftung durch die mehr oder weniger Muskarin oder andere Gifte enthaltenden Pilze handeln, die durch ärztliches Eingreifen rasch gebessert werden kann. Leichte Beschwerden klingen von selbst wieder ab, aber es bleibt immer ratsam, den Arzt aufzusuchen. Ist kein Arzt zu erreichen, fördert lauwarmes Salzwasser (nach Dr. Clarmann, Facharzt für Vergiftungen, auf ¼ l Wasser 1–2 Esslöffel Salz) das Erbrechen. Nach Entleerung des Magens tritt bald Erholung ein.

Man beachte: Es kann zu keiner Vergiftung kommen, wenn nur die Pilze gegessen werden, die man wirklich genau kennt oder die vom Pilzkontrolleur als essbar bezeichnet wurden.

Cadmiumgehalt in Pilzen

Cadmium war auch schon vor hundert Jahren in Pilzen enthalten. Das beweisen die Trockenpilze (Exsikkate), die als Belege in Universitätsherbarien usw. liegen. Man wusste es nur nicht und ass so viele Pilze wie man fand oder Lust hatte. Und es wurden früher viel mehr Pilze gegessen. Von Cadmiumschäden allerdings hat man nie etwas gehört. Nun haben aber die Umweltbelastungen so zugenommen und die modernen Untersuchungsmethoden sich so verbessert, dass man des Essens nicht mehr froh wird. In fast allen getesteten Lebensmitteln sind Schwermetalle und eben auch Cadmium enthalten: Die teure Kalbsleber, Nierchen und auch Gemüsearten sind damit gesättigt, die gesunde Petersilie damit verseucht, kurzum, in allen gebräuchlichen Lebensmitteln kann man Spuren davon finden. Warum soll man dann gerade auf die wohlschmeckende Pilze verzichten? Sie enthalten nachweislich weniger Cadmium als die vorgenannten Nahrungsmittel.

Lediglich die gilbenden Champignons, als bekanntester der Schaf- oder Anis-Champignon, enthalten mehr Cadmium als die übrigen Pilze. Die dafür zuständigen Wissenschaftler haben errechnet, dass bei Berücksichtigung eines Sicherheitsfaktors und Anrechnung der übrigen cadmiumhaltigen Nahrungsmittel noch immer 250 g von dieser Pilzart pro Woche gegessen werden könnten, ohne dass das Mindestmass an Cadmium im Körper erreicht wird, das zu Störungen führen könnte. Aber das ganze Jahr über, versteht sich, das sind 13 kg allein vom Schafchampignon. Die übrigen Pilze sind harmloser als Gemüse und können in beliebiger Menge verzehrt werden. Lassen Sie sich also keine Angst mehr machen, und geniessen Sie Ihre Pilze gerade wegen des so geringen Cadmiumgehaltes.

Die beste Möglichkeit, sich mit guten Speisepilzen zu vergiften

Allzu oft wurde bei Pilzvergiftungen einem unerkannten Doppelgänger die Schuld gegeben (oder durch die Presse sogar dem Einfrieren von Pilzen), aber viel häufiger handelt es sich um eine Vergiftung durch verdorbene Speisepilze, also eine Lebensmittelvergiftung, wie sie auch nach dem Genuss von altem Fisch oder Fleisch vorkommt. Die Gefahr einer Lebensmittelvergiftung besteht:

- wenn zu reife (alte) Pilze gesammelt oder gekauft werden
- wenn frische junge Pilze zu lange und falsch aufbewahrt werden (zu warm, nicht ausgebreitet, in geschlossenen Behältern oder Plastikbeuteln)
- wenn zubereitete Pilze oder Reste davon lange und zu warm aufbewahrt werden (2 Tage im Kühlschrank oder Einfrieren schadet ihnen nicht)
- wenn zu alte Pilze eingefroren werden; nach dem Auftauen sind sie nicht jünger
- wenn zu alte Pilze getrocknet werden; man sieht ihnen dann zwar nichts an, bekommt es aber zu spüren
- wenn getrocknete Pilze nicht luftdicht gelagert wurden und wiederholte Aufnahme von Luftfeuchtigkeit zu Fäulnis geführt hat (Tip: ganz trockene Pilze in Schraubgläsern aufbewahren)
- wenn das Gericht von gefrorenen oder eingeweckten Pilzen wiederum einen Rest ergibt, der Tage später nochmals aufgewärmt wird. Diese Pilze haben mit dem Einfrieren oder Einwecken ihre erste Verarbeitung erfahren und werden bei der Bereitung des Gerichtes bereits zum zweitenmal erhitzt, so dass davon kein Rest verbleiben sollte (Tip: immer kleine Mengen einfrieren oder einwecken)
- wenn zu grosse Mengen einer einzigen Art gegessen werden (zum Beispiel Saftlinge, Hallimasch); die schädlichen Stoffe in ihnen häufen sich dann so, dass Übelkeit auftreten kann. Schon deshalb empfehlen sich Mischgerichte (und weil sie besser schmecken).

Pilze erkennen lernen

Bestimmungsmerkmale in Zeichnungen

Über den Pilzfotos werden Sie Texte finden, die sich leichter verstehen lassen, wenn einige Hilfen für die verschiedenen Bezeichnungen gegeben werden. Die häufigsten Formenangaben werden deshalb in Zeichnungen dargestellt. Wer mehr erfahren möchte über wichtige Bestimmungsmerkmale an Pilzen, der interessiere sich einmal für mein Buch «Wie erkenne ich die Pilze», ebenfalls aus dem AT Verlag.

Hutformen

flach gewölbt

gebuckelt

hoch gewölbt

kegelig

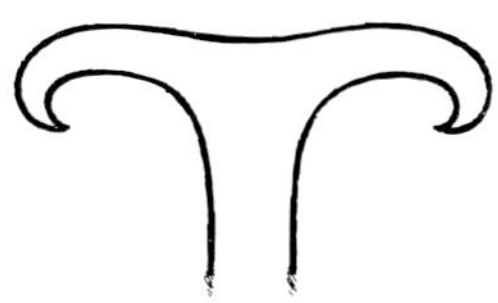

eingerollt

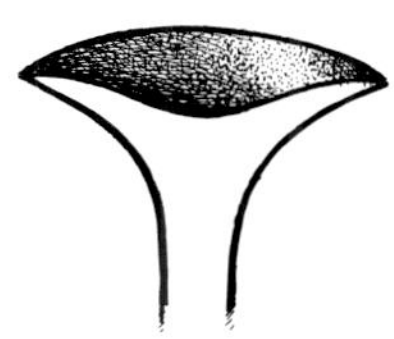

trichterförmig

Hut äusserlich

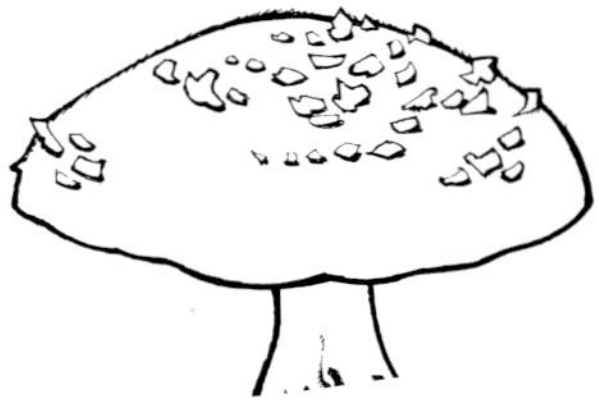
mit Hüllresten

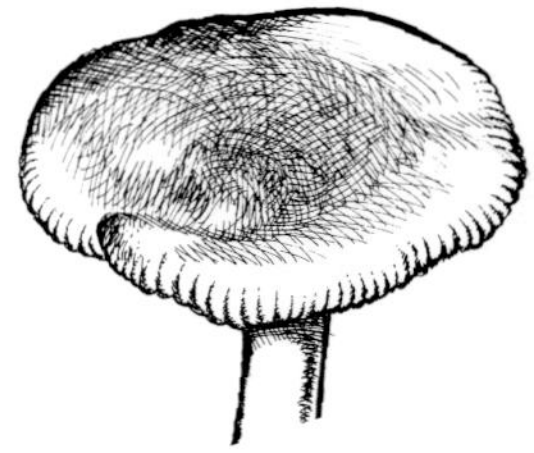
Rand gerippt

Rand gerieft

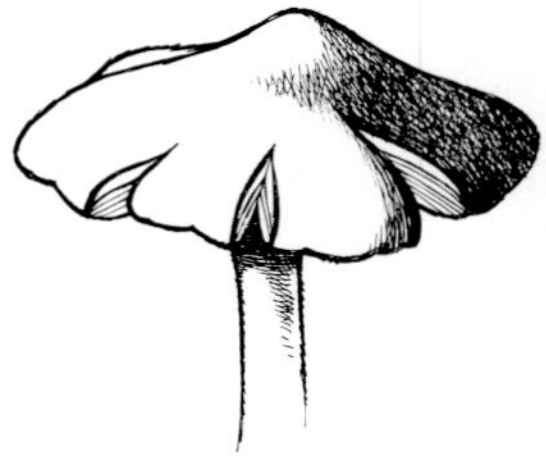
Rand einreissend

Rand behangen

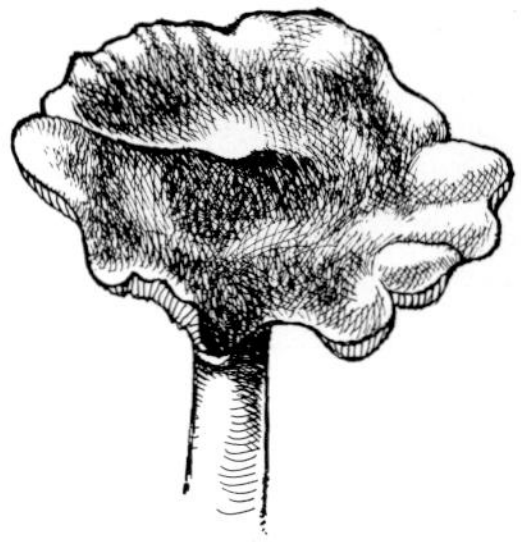
Rand lappig verbogen

Lamellen

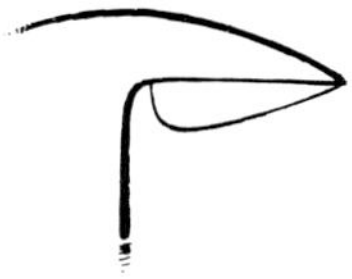
frei

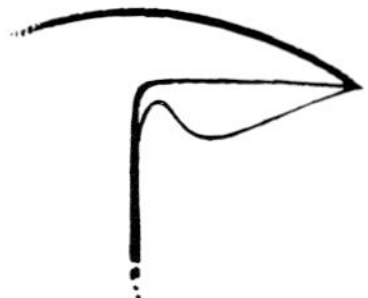
mit Zahn herablaufend

breit angewachsen

herablaufend

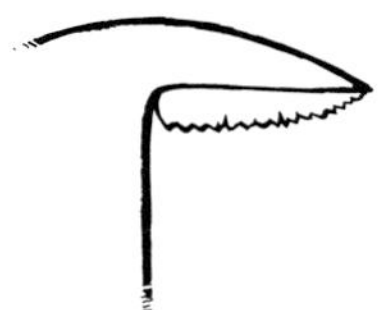
Schneide gekerbt

Stielformen

walzenförmig

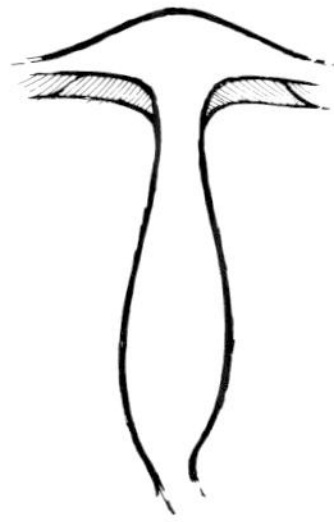

spindelig

Stielbasis

knollig

abgesetzt knollig

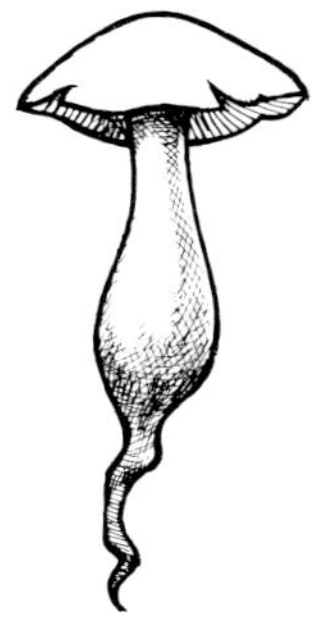

wurzelnd

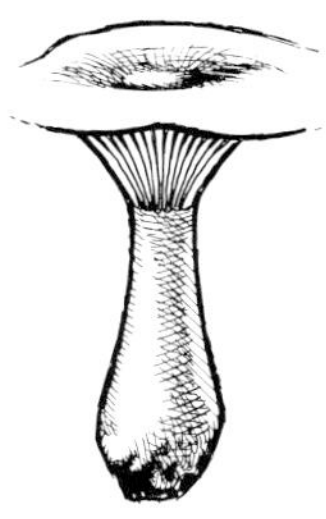

verdickt

Myzelstränge

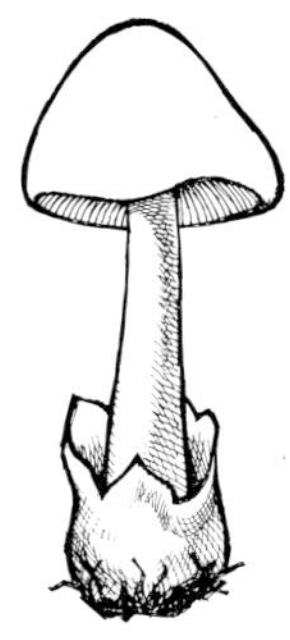

Scheide

Stiel äusserlich

genattert

grubig

Netzzeichnung

Ring

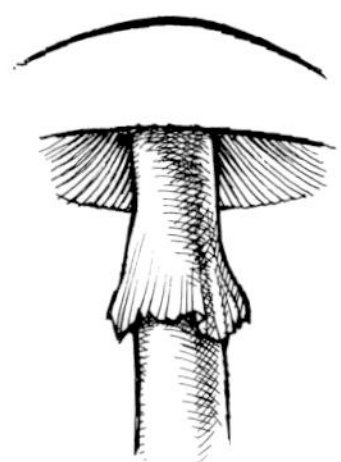

Manschette

Das Probieren des rohen Pilzes als Erkennungsmerkmal

Der Geschmack des Pilzes kann in vielen Fällen zu seiner Bestimmung führen. In den Beschreibungstexten zu den Fotos ist er deshalb immer dann angegeben, wenn er etwas Besonderes bietet. Das bedeutet, dass der entsprechende Pilz auch roh probiert werden darf. Probieren heisst, dass ganz wenig zum Beispiel vom Hutfleisch gekaut wird und man mit der Zunge ertastet, ob sich der angegebene Geschmack (die Bitterkeit oder das Brennen) einstellt, der den Pilz dann erkennen lässt. Dieses Probieren schadet auch nicht, wenn es sich um roh leicht giftige Pilze handelt (zum Beispiel Hallimasch und Speitäubling), denn die Probe wird auf jeden Fall wieder ausgespuckt. Selbst die Probe eines als gut bekannten Speisepilzes sollte nicht aufgegessen werden, da viele von ihnen roh giftig sind (Rotkappe u. a. m.). Natürlich werden nicht wahllos Geschmacksproben genommen, sondern nur, wenn man zwei sehr ähnliche Pilze damit auseinanderhalten kann (beispielsweise Steinpilz und Gallenröhrling). Auf keinen Fall dürfen die als gefährlich bezeichneten Giftpilze (Grüner Knollenblätterpilz und Kegelhütiger Knollenblätterpilz) probiert werden.

Speisepilz-Katalog

Blassbrauner Rötling, Schlehenrötling (Entoloma sepium) **sehr gut**

Den Pilz erkennen: Es gibt im Frühjahr mehrere ähnliche, essbare, schmackhafte Rötlinge, die aber weissfleischig sind, während das innere Stielfleisch des Blassbraunen Rötlings karottengelb bis rostbräunlich ist. Alle wachsen unter Rosengewächsen (Pflaume, Schlehe, Weissdorn, Birne, Vogelbeere u. a.) und haben mehr oder weniger ausgeprägten Mehlgeruch und rötliches Sporenpulver wie der liegende Pilzhut des Fotos. Der Pilz wurde von einem grösseren Nachbarn bestäubt. Bei älteren Pilzen sind die Lamellen in der gleichen rötlichen Tönung gefärbt. Die Farbe des Hutes (bis 10 cm ∅) ist in feuchtem Zustand graubräunlich, in trockenem cremeweisslich. Die Lamellen sind ausgerandet bis leicht herablaufend, ziemlich weitstehend, oft gekerbt.
Sehr ähnlich ist der essbare *Silbergraue Rötling* (Entoloma saunderssii) mit eher graulich verfärbendem Stielfleisch. Der essbare *Schildrötling* (Entoloma clypeatum) hat einen dunkleren, oft streifig geflammten Hut.
Giftige Doppelgänger: im Frühjahr im Nadelwald und an Wegrändern (nicht gebunden an Rosengewächse) der *Frühlingsgiftrötling* (Entoloma vernum), Abb. 250 in «700 Pilze», der dünnfleischig und gebrechlich ist, mit eher bräunlicher Hutfarbe und ohne Mehlgeruch, riecht etwas rettichartig. Weitere ungeniessbare oder giftige Rötlinge erst später im Jahr (siehe Riesenrötling S. 218).
Tips für die Küche: Feiner Speisepilz zum Schmoren; Hut und Stiel verwertbar. Geeignet für Mischgerichte, Einzelgerichte, Pilztorte, zum Trocknen, Einfrieren, Einwecken. Zum Einlegen in Essig und zum Silieren zu schade. Nicht roh essen.

Voreilender Ackerling (Agrocybe praecox) **kräftig aromatisch**

Den Pilz erkennen: Dieser Pilz eilt den anderen jahreszeitlich voraus, wie sein Name andeutet. Nachzügler höchstens bis Juli. Bevorzugte Plätze sind Ansammlungen von Laub- und Nadelhumus und vermodernde Ästchen, wie sie sich oft am Rand von Waldstrassen finden. Ein Pilz kommt nie allein, immer in kleinen Kolonien. Der Stiel ist lose im Substrat verankert. Zieht man den Pilz heraus, entdeckt man die weissen stabilen Myzelstränge (im Foto gut erkennbar). Der Hut hat 3–6 cm ∅ und ist im Scheitel recht fleischig. Seine Farbe variiert von bräunlich bis beige. Am Hutrand oft Fetzen der Teilhülle, die bei jungen Exemplaren die Lamellen bedeckt. Reisst sie jedoch am Hutrand glatt ab, bildet sich ein häutiger Ring am Stiel, der später wegtrocknen kann. Die Lamellen sind jung weisslich, später bräunlich. Stiel bis 10 cm lang. Das weissliche mürbe Fleisch riecht und schmeckt leicht mehlartig.

Giftige Doppelgänger: Der sehr giftige Kegelhütige Knollenblätterpilz (S. 212) kann mit hellen Formen Ähnlichkeit haben. Er hat jedoch bis ins Alter weisse Lamellen, eine häutige Scheide an der Stielbasis und üblen aasartigen Geruch.

Tips für die Küche: als Würzpilz für Fleischgerichte, Saucen und Suppen, in kleineren Mengen Beigabe zu Pilzmischgericht. Haltbarmachung durch Einfrieren und Einwecken im Mischgericht, Trocknen; zum Einlegen in Essig zu schade. Nicht roh essen.

Maipilz, Mairitterling (Calocybe gambosa) **gut**

Den Pilz erkennen: Kommt von April bis Juni oft in grösseren Ansammlungen vor, bevorzugt die feuchtesten Stellen, in natürlichen Mulden in einer Auenlandschaft oder an bewaldeten Seeufern, auch an Wegrändern, unter Gebüsch und in Gärten. Der Hut hat 5–10 cm ∅, ist dickfleischig, weisslich bis gelblich oder sogar kräftig gelb. Hutrand lange nach unten eingeschlagen. Lamellen etwas ausgebuchtet oder mit kurzem Zähnchen herablaufend, ziemlich dünn und leicht gedrängt. Der Stiel ist cremeweisslich und vollfleischig. Auffallend ist der starke Geruch nach Mehl.

Giftige Doppelgänger: Der recht giftige *Ziegelrote Risspilz* (S. 214) wächst zur gleichen Zeit und gelegentlich auch an den gleichen Stellen. Er ist höchstens in jungen Exemplaren weisslich wie der Maipilz und auch dann durch schlankere Wuchsform und mehr glockig gewölbten Hut von ihm zu unterscheiden. In Zweifelsfällen lässt man die Pilze einige Stunden liegen, dann wird sich der Giftpilz vom Rand her ziegelrot verfärben; ältere Hüte sind aufgerissen und verfärben sich von den Rissen her, ganz alte Pilze sind in allen Teilen ziegelrot bis ziegelbraun. Der giftige Doppelgänger hat keinen Mehlgeruch, sondern riecht eher süsslich spirituös.

Tips für die Küche: Für ein reines Maipilzgericht empfiehlt sich die Zugabe von Essig neben anderen Gewürzen wie Salz, Pfeffer, Lorbeerblatt, Piment. Das Gericht erinnert dann an saure Nierchen, oder man kann die feinen Pilzscheibchen zunächst in der Pfanne in reichlich Fett hellbraun anbraten, wodurch der starke Mehlgeschmack gemindert wird, und dann mit Sahne oder in Milch verquirltem Mehl binden. Haltbarmachung durch Einfrieren, Einwecken, Trocknen, Einlegen in Essig. Durch Silieren verliert sich der Mehlgeschmack; danach können die Pilze auch für ein Einzelgericht verwendet werden. Nicht roh essen.

Märzellerling, Märzschneckling (Hygrophorus marzuolus) **sehr gut**

Den Pilz erkennen: Schon kurz nach der Schneeschmelze und dann etwa bis Mai wächst der Märzellerling. In dicker lockerer Laubhumusschicht bildet er büschelige Gruppen von 5–10 Pilzen, die nestähnlich unter der Erde liegen. Beim Heranreifen durchstossen nur die grossen Pilze die Laubschicht, von der sie sich farblich kaum abheben. Bevorzugter Standort des Märzellerlings ist der Laubwald, in den einzelne Weisstannen eingestreut sind. Der Hut wird bis 10 cm gross, unterirdisch versteckte Pilze bleiben hell, beinahe weisslich, während die dem Licht ausgesetzten heller bis dunkler graubräunlich gefärbt sind. Die weisslichgrauen Lamellen sind dick und entfernt stehend, der weisslichgraue Stiel ist durch das büschelige Wachstum oft verbogen. Das weissliche feste Fleisch riecht angenehm, fast etwas süsslich.

Giftige Doppelgänger: Es gibt zu der Zeit keinen ähnlichen Giftpilz.

Tips für die Küche: Der Märzellerling gehört zu den feinsten Speisepilzen. Sein volles Aroma entwickelt er bei der einfachsten Zubereitung, dem Schmoren im eigenen Saft mit etwas Butter, Salz und eventuell gehackter Petersilie. Er ist fast zu schade für ein Mischgericht und sollte bei geplanter Haltbarmachung am besten eingefroren werden, um das Aroma voll zu erhalten. Einwecken ist möglich. Der Pilz ist selbst zum Trocknen zu schade und erst recht zum Einlegen in Essig und Silieren.

Frühlingsweichritterling (Melanoleuca cognata) **gut**

Den Pilz erkennen: Ab April kann man nach diesem grossen und für die Küche lohnenden Pilz Ausschau halten. Er bevorzugt Nadelwälder und wächst dort gern entlang der Strasse, wo sich Nadelhumus und vermoderndes Reisig ansammeln. Er soll auch im Laubwald vorkommen. Ich selbst habe ihn jahrelang auf einem Beet geerntet, das ich aus Nadelhumus aufgeschichtet hatte. Darauf wuchs er in viel kräftigeren Exemplaren als an seinem natürlichen Standort, in einem zweiten Schub sogar im Herbst. Der Hut wird 5–10 cm gross und zeigt im feuchten Zustand eine kräftig gelbbraune Tönung, trocken bleicht er bis fleischfarben-ockerlich aus. Die Lamellen sind zunächst cremefarben und werden in der Reife satt gelblichocker. Das Fleisch ist etwas wässrig-schwammig, im Stiel leicht faserig und riecht schwach mehlartig.

Giftige Doppelgänger: Im Frühjahr gibt es keinen ähnlichen, gefährlichen Giftpilz. Im Herbst beachte man den Riesenrötling (S. 218) mit üblem mehl-drogenartigem Geruch und Standort im Laubwald.

Tips für die Küche: Da der Pilz kein ausgeprägtes Aroma besitzt, wird er am besten für ein Mischgericht verwendet. Je nach Geschmack kann er auch zu einem Einzelgericht dienen, besonders wenn dieses mit Gewürzen, gehackten Kräutern oder Essig abgeschmeckt wird. Dank dem zarten mürben Fleisch ist er auch zum Braten in der Pfanne geeignet. Einfrieren, Einwecken, Trocknen, Einlegen in Essig und Silieren möglich. Nicht roh essen.

Fichtenzapfenrübling (Strobilurus esculentus) **gut**

Den Pilz erkennen: Der Pilz wächst direkt aus den leicht im Boden vergrabenen Fichtenzapfen heraus. In einem gemischten Nadelwald, wo auch Kiefern vorhanden sind, könnte man auf den sehr ähnlichen *Kiefernzapfenrübling* (Strobilurus tenacellus), Abb. 223 in «700 Pilze», stossen, der aus Kiefernzapfen wächst und ebenfalls essbar ist. Wenn auch der nur 2–3 cm grosse Fichtenzapfenrübling im einzelnen nicht viel bringt, so macht es doch die Menge, dass ein Pilzgericht leicht und schnell gesammelt werden kann. Er kommt an feuchten Stellen massenhaft vor. Die Hutfarbe ist heller bis dunkler braun, es gibt auch weisse Formen. Der gelbliche Stiel ist zäh und knorpelig und zeigt eine weissliche Stielspitze in der Farbe der abgerundet angewachsenen Lamellen.

Giftige Doppelgänger: Es gibt zu dieser Zeit keinen ähnlichen Giftpilz, der auf Fichten- oder Kiefernzapfen wächst.

Tips für die Küche: Der Hut ist zartfleischig und gut, der Stiel zur Basis hin vielleicht etwas knorpelig. Soweit er sich leicht schneiden lässt, ist er verwertbar; knorpelige Stiele können getrocknet werden. Der Pilz eignet sich für Misch- und Einzelgerichte, auch als Suppe mit saurem Rahm und möglichst mit den ersten frischen Sauerampferblättchen, fein gehackt, bestreut. Einfrieren, Einwecken, Trocknen und Einlegen in Essig möglich. Bei genügender Menge eignet sich der Pilz auch zum Siliern. Nicht roh essen.

Speisemorchel (Morchella esculenta) **sehr gut**

Den Pilz erkennen: Von der abgebildeten Morchelart gibt es Variationen, wenn der Hut runder, der Stiel dikker aufgeblasen oder der Hut weisslich bzw. bei auf Brandflächen wachsenden Fruchtkörpern dunkler ist. Die Qualität ist bei allen gleich gut. Die Speisemorchel liebt Kalk und tritt in ihrem bevorzugten Gebiet – Auwald, bewaldetes Seeufer, unter Gebüsch in Parkanlagen – gesellig auf. Morcheln können auch in kalklosen Gegenden am Rand von Waldstrassen oder Wanderparkplätzen erscheinen, wenn diese mit Kalksteinen geschottert sind. Der Hut wird 6–10 cm hoch, ist karamelbraun, kann aber etwas heller oder dunkler ausfallen oder ein wenig ins Graue gehen. Die Hutstruktur ist wabenartig-gekammert, der Stiel cremegelblich, etwas grubig und hohl wie der Hut auch. Das Fleisch ist von wachsähnlicher zarter Beschaffenheit.
Giftige Doppelgänger: Zur Morchelzeit wachsen, besonders in sandigen Kiefernwäldern, die Frühjahrslorchel (S. 223) und im Nadelwald die Riesenlorchel (S. 223), die beide giftig sind. Die Hutstruktur der Lorchel ist weichlappig-gewunden oder auch hirnartig und weist keine scharfen Leisten und Kammern auf wie die Morchel.
Tips für die Küche: Die Speisemorchel gilt als der allerfeinste Pilz. Eine Morchelsauce krönt die berühmtesten Fleischgerichte, und eine Morchelsuppe ist eine Spezialität. Etwas Besonderes sind auch Morcheln durch Eierkuchenteig gezogen und in Fett ausgebakken. Für besondere Anlässe wird man sie durch Einfrieren und Einwecken haltbar machen. Wenn man sie trocknet, wozu man sie nur einmal der Länge nach aufschneidet, sind sie später nach dem Einweichen fast wie frisch geerntet und können ebenso verarbeitet werden. Durch Einlegen in Essig oder Silieren würde das gute Pilzaroma verlorengehen. Nicht roh essen.

Spitzmorchel (Morchella conica) **sehr gut**

Den Pilz erkennen: Im gleichen Gelände mit Kalk im Boden, wo man die Speisemorchel (S. 29) findet, kann auch die Spitzmorchel stehen. Sie ist dunkelgrau-schwärzlich, die grubigen Kammern sind etwas enger und die Leisten weicher, dafür aber angedeutet senkrecht parallel verlaufend. Der Hut erreicht 5–7 cm Höhe. Der weisslich-gelbliche Stiel ist zartkleiig und hohl wie der Hut. Zur gleichen Zeit am gleichen Standort kann auch die *Käppchenmorchel* (Mitrophora semilibera), Abb. 644 in «700 Pilze», vorkommen wie auch eine der Spitzmorchel sehr ähnliche Art mit längerem Stiel, die *Hohe Morchel* (Morchella elata). Beide sind ebenfalls essbar und gut.

Giftige Doppelgänger: Etwas ähnlich sind die giftige Frühjahrslorchel (S. 223) und die Riesenlorchel (S. 223), die vorzugsweise im Nadelwald wachsen und an ihrer Hutstruktur erkennbar sind. Diese ist weichlappig-gewunden oder hirnartig, während die Spitzmorchel hervortretende Leisten und eine andere Wuchsform aufweist.

Tips für die Küche: Wegen des feinen Aromas besonders für Einzelgerichte geeignet, zum Füllen von Omeletten, als Einlage in Saucen und Suppen; Einfrieren und Einwecken möglich; auch Trocknen ist günstig. Durch Einlegen in Essig oder Silieren würde das gute Pilzaroma verlorengehen. Nicht roh essen.

Morchelbecherling, Flatschmorchel (Disciotis venosa) **sehr gut**

Den Pilz erkennen: Diesen grossen, wegen seines feinen Aromas wertvollen und seines manchmal massenhaften Auftretens lohnenden Becherling kann man immer mit Morcheln zusammen auf Kalkboden finden, aber niemals auf saurem Boden. Aus dem Morchelwald wächst er auch weit in obstbaumbestandene Wiesen hinaus, wo er dicht bei dicht steht und eine üppige Ernte bringt. Die Becher sind 3–15 cm weit, innen gelbbraun bis rotbraun, glatt, etwas aderig, aussen sind sie ocker bis bräunlich gefärbt, feinkleiig oder filzig, am kurzen Stielansatz etwas grubig zusammengezogen. Der Pilz ist mürbe und brüchig und besitzt einen mehr oder weniger ausgeprägten Geruch nach Chlor.

Giftige Doppelgänger: Es gibt keinen ähnlichen Giftpilz. Selbst der giftige *Kronenbecherling* (Sarcospaera exima), Abb. 663 in «700 Pilze», mit lilabräunlicher Innenseite ist nach Abkochen essbar.

Tips für die Küche: Der Chlorgeruch des rohen Pilzes verschwindet beim Schmoren völlig, und der Morchelbecherling entwickelt dann ein sehr ähnlich feines Aroma wie die Morchelarten, was ihm wohl seinen Namen gegeben hat. Er hat mit diesen auch gemeinsam, dass die getrockneten Becherlinge bei der späteren Verwertung nach dem Einweichen wie frisch schmecken und für Einzelgerichte, zur Verbesserung von Saucen und Suppen usw. geeignet sind. Sie sind fast noch zartfleischiger als Morcheln. Haltbarmachung durch Einfrieren, Einwecken und Trocknen. Durch Einlegen in Essig oder Silieren würde das gute Pilzaroma verlorengehen. Nicht roh essen.

Köstliche Morchel (Morchella conica var. deliciosa) **sehr gut**

Den Pilz erkennen: Die Köstliche Morchel hat die Farbe der Speisemorchel (S. 29) und die Form der Spitzmorchel (S. 30). Ihr Standort ist der Nadelwald, und dort wiederum bevorzugt sie Wegböschungen oder Strassenränder, wo die Feuchtigkeit sich länger hält. Der caramelfarbene Hut wird 3–5 (7) cm hoch, er ist grubig gekammert mit scharf hervortretenden Leisten. Der Stiel ist schmutzig-gelblich, der ganze Pilz hohl. Das wachsartige Fleisch ist zart und mürbe. Wenn die Wuchsform des Pilzes einmal von der Norm abweicht wie auf Abb. 643 in «700 Pilze», so ist das auf Standortverhältnisse zurückzuführen.

Giftige Doppelgänger: Etwas Ähnlichkeit haben die giftige Frühjahrslorchel (S. 223) und die Riesenlorchel (S. 223), die jedoch weichlappig-gewundene oder hirnartige verformte Hüte haben.

Tips für die Küche: Die Köstliche Morchel ist die beste von allen Morcheln. Sie hat nicht nur ein feines Aroma, sondern ihr Fleisch ist auch besonders zart, während die übrigen Arten leicht zähfleischig sein können. Köstliche Genüsse sind legierte Morchelsuppe oder Pastetchen mit Morchelragout, aber auch Morchelrahmsauce zu Kalbsbraten oder Morcheln als lukullischer Höhepunkt in Geschnetzeltem. Einfrieren, Einwecken und Trocknen möglich. Getrocknete Morcheln schmecken nach dem Einweichen wieder wie frisch. Durch Einlegen in Essig oder Silieren würde das gute Pilzaroma verlorengehen. Nicht roh essen.

Nelkenschwindling (Marasmius oreades) **sehr gut**

Den Pilz erkennen: Diesen Pilz erkennt man sehr gut daran, wo und wie er erscheint: er kommt überall auf kurzgrasigem Rasen, in Grünanlagen bei Häusern, in Parkanlagen, auf Sportplätzen, aber auch auf Weidewiesen und anderen Grünflächen. Dort wächst er dann meist in Kreisen, wenn diese durch den Untergrund gestört werden auch in Halbkreisen und Reihen. Der Nelkenschwindling kommt recht bald nach ausgiebigem Regen. Er ist frisch gewachsen in feuchtem Zustand ocker- bis rötlichbräunlich und bleicht beim Abtrocknen bis hellocker aus. Jung ist der Hut glockig gewölbt, später nur leicht gebuckelt-gewölbt. Er hat meist 2–3 cm ∅. Die cremefarbenen Lamellen sind ziemlich dick und weitstehend und abgerundet am Stiel angewachsen. Der steife Stiel wird 4–7 cm lang, er ist recht zäh. In Wäldern gibt es einen ähnlichen Pilz, den *Waldfreundrübling* (Collybia dryophila), Abb. 212 in «700 Pilze», der ebenfalls essbar ist.

Giftige Doppelgänger: Auf Rasenflächen gibt es manchmal Kleinpilze (Fälblinge, Helmlinge, Düngerlinge, Rötlinge), die bei Beachtung aller Merkmale keine Ähnlichkeit mit dem Nelkenschwindling haben. Giftig sind kleine weisse Trichterlinge, ähnlich ist der Feldtrichterling (S. 221), bei ihnen laufen die dünnen und dichtstehenden Lamellen etwas am Stiel herab.

Tips für die Küche: Für Frischgerichte sind nur die Hüte zu gebrauchen, die Stiele sind sehr zähfaserig, geben aber ausgekocht oder getrocknet eine feine Würze. Aroma und Beschaffenheit der geschmorten Pilzhütchen sind so ausgezeichnet, dass der Pilz für Einzelgerichte besonders geeignet ist. Empfehlenswert: Nelkenschwindlinge mit Rührei. Einfrieren, Einwecken und Trocknen möglich. Zum Einlegen in Essig und Silieren zu schade. Nicht roh essen.

Knoblauchschwindling, Mousseron (Marasmius scorodonius) **feinster Würzpilz**

Den Pilz erkennen: Knoblauchschwindlinge wachsen auf abgestorbenen Graswurzeln, wo man sie zwei bis drei Tage nach einem kräftigen Regen finden kann. Ihr bestes Erkennungsmerkmal ist der kräftige und reine Knoblauchgeruch. Das Hütchen wird nur 1–3 cm gross, es ist flatterig, weich, runzelig und verbogen und beginnt bei Mangel an Feuchtigkeit bald einzutrocknen. Die Lamellen sind dicklich und entfernt stehend. Der auffallend steife und harte Stiel ist dunkelbraunglänzend und nur an der Spitze heller. Mit Knoblauchgeruch gibt es im Laubwald den Saitenstieligen Knoblauchschwindling (S. 80), der ebenfalls ein Würzpilz, aber nicht zum Trocknen geeignet ist.

Giftige Doppelgänger: Im Nadelwald gibt es einen etwas kleineren ähnlich aussehenden Pilz, den *Nadelschwindling* (Micromphale perforans), Abb. 218 in «700 Pilze», dessen Basismyzel immer eine Fichtennadel festhält, wenn man den Pilz vorsichtig aus dem Boden zieht. Sein Geruch ist eher als knoblauchartig-stinkend zu bezeichnen. Auch auf Blättern, besonders auf Eichenblättern, wächst ein nach Knoblauch riechender ähnlicher Pilz, der *Grosse Knoblauchschwindling* (Marasmius prasiosmos), Abb. 227 in «700 Pilze». Diese beiden Doppelgänger des Knoblauchschwindlings sind scharf. Sie würden ein Essen eher verderben als würzen und könnten Magenbeschwerden auslösen.
Tips für die Küche: 5–6 Hütchen des Knoblauchschwindlings geben jedem Fleischgericht, Saucen und Suppen eine Spur von Knoblaucharoma und würzen besonders auch Pilzmischgerichte. Haltbarmachung ausschliesslich durch Trocknen. Nicht roh essen.

Rotbrauner Riesenträuschling (Stropharia rugosoannulata) **gut**

Den Pilz erkennen: Dieser Pilz wächst gern auf Strohresten. Auf Äckern, in denen Strohreste untergepflügt sind, kann man im folgenden Sommer die grossen rotbraunen Pilze finden. Er wird auch auf angelegten Strohbeeten gezüchtet. Der Hut wird 5–12 (–25) cm gross, jung ist er dunkelrotbraun, später bleicht er vom Scheitel her bis ockergelblich-lederblass aus. Am Hutrand hängen oft Fetzen der weissen Teilhülle, die auch einen kräftigen Ring am Stiel hinterlässt. Die anfangs graulichen Lamellen sind in der Reife graublau bis grauviolettlich. Das weisse feste Fleisch riecht und schmeckt etwas rettichartig.

Giftige Doppelgänger: An vermodernden Fichtenstümpfen oder in deren Nähe, nicht jedoch auf Äckern und Feldern, kann der *Üppige Träuschling* (Stropharia hornemannii), Abb. 346 in «700 Pilze», vorkommen. Er sieht dem Rotbraunen Riesenträuschling sehr ähnlich, hat einen unangenehmen Geruch und ist besonders an seinem völlig anderen Standort zu erkennen. Er gilt als ungeniessbar, Vergiftungen sind nicht bekannt.

Tips für die Küche: Nur junge Exemplare schmecken zufriedenstellend, bei älteren überwiegt der Rettichgeschmack zu sehr. Wenn Ihnen das Aroma nicht zusagt, benutzen Sie ihn nur in kleinen Mengen für ein Pilzmischgericht oder versuchen Sie einmal, mit einer sauren Sauce «Saure Nierchen» aus ihm zu machen. Durch die Essigzugabe wird der etwas störende Beigeschmack beseitigt. Haltbarmachung durch Einfrieren, Einwecken, Trocknen, Einlegen in Essig und Silieren. Nicht roh essen.

Blasiger Becherling (Peziza vesiculosa) **interessant**

Den Pilz erkennen: Zu dieser Zeit gibt es kaum andere ähnliche Becherlinge, und wenn man ihn mit einem anderen Vertreter dieser Gattung verwechseln würde, wäre es nicht schlimm, denn es gibt keinen giftigen darunter (siehe giftige Doppelgänger). Den Blasigen Becherling erkennt man an seiner rundlichen blasigen Form. Jung ist er geschlossen und besitzt auch später nur eine mässig weite Öffnung, während andere Becherlinge mehr oder weniger ausgebreitet und schüssel- bis tellerförmig sind. Der Pilz kommt überall da vor, wo Fäulnis stattfindet. Man achte also auf biologische Abfallhaufen und gutgedüngte Böden. Die 2–8 cm grossen Fruchtkörper sind gelblich bis ockerbräunlich gefärbt und von wachsartiger, brüchiger Beschaffenheit.

Giftige Doppelgänger: Von den Becherlingen wird nur der *Kronenbecherling* (Sarcospaera exima), Abb. 663 in «700 Pilze», als giftig bezeichnet. Nach Abkochen und Wegschütten des Kochwassers ist jedoch auch dieser essbar. Er wird grösser und hat derberes Fleisch, seine Innenseite ist mehr oder weniger violettlich gefärbt, er kommt im Laub- und Nadelwald vor.

Tips für die Küche: Alle Becherlinge (ausser dem Morchelbecherling S. 31) haben so gut wie kein Eigenaroma. Sie sind jedoch interessant für Salate und Sülze oder als Einlage in chinesische Gerichte. Für Salat und Sülze werden sie kurz vorgekocht, in chinesischer Sauce genügt einmaliges Aufkochen. Einfrieren und Einwecken möglich. Trocknen und Silieren nicht so empfehlenswert. Nicht roh essen.

Flaschenbovist, Flaschenstäubling (Lycoperdon perlatum) **mässig gut**

Den Pilz erkennen: Der Pilz ist verkehrt flaschenförmig oder keulenförmig. Er wird bis etwa 8 cm hoch und ist an seinen leicht abwischbaren weichen Stacheln gut zu erkennen. Jung ist das Fleisch weiss und schnittfest, in der Reife wird es matschig bräunlich und dann staubartig pulverig. Der Flaschenbovist ist sehr häufig und kann fast überall vorkommen. Es gibt viele weitere Boviste, die jung ebenfalls essbar und von gleicher Qualität sind, und zwei grössere Arten, deren Sammeln sich lohnt, den Hasenbovist (S. 61) und den *Riesenbovist* (Langermannia gigantea), Abb. 569 in «700 Pilze», der bis 50 cm Durchmesser haben kann. Ihn sucht man auf Wiesen und Weiden, wo das Vieh läuft.

Giftige Doppelgänger: Der *Kartoffelbovist* (Scleroderma citrinum), Abb. 582 und 583 in «700 Pilze», gilt als ungeniessbar bis leicht giftig. Er ist hart und fest, ähnelt äusserlich einer rauhen bis aufgesprungenen Kartoffel und zeigt beim Aufschneiden eine körnigmarmorierte, anfänglich helle, später dunkle, violettschwarze Masse.

Tips für die Küche: Alle sogenannten Weichboviste sind essbar, solange sie schnittfest und weissfleischig sind. Vorhandene Stacheln werden abgewischt oder die bröckelige Schale abgenommen. In dünne Scheibchen geschnitten, schmecken sie am besten kurz in Butter gedünstet oder hellbraun gebraten. Grosse Boviste kann man in Scheiben schneiden und paniert wie Schnitzel in der Pfanne braten. Boviste verwertet man am besten frisch. Beim Riesenbovist lohnt sich das Silieren. Nicht roh essen.

Kompostegerling, Brauner Riesenchampignon (Agaricus vaporarius) gut

Den Pilz erkennen: Wo der Pilz kommt, wird man ihn nicht übersehen können. Er bricht förmlich aus der Erde hervor, einer über dem anderen, geballt und gebüschelt in grösseren Ansammlungen. Er bevorzugt Wegränder und Plätze, wo Strassenkehricht abgeworfen wird, gedüngte Böden unter Bäumen oder Buschwerk, vor allem im Bereich menschlicher Siedlungen. Der stabile, festfleischige, fast harte Pilz kann eine Hutgrösse bis 15 (20) cm haben, der mit dickem Ring versehene Stiel wird bis 12 cm lang und kann tief in der Erde stecken. Beim Aufschneiden läuft das Fleisch, besonders in der Stielspitze, schnell weinrot an. Die Lamellen, die nicht am Stiel angewachsen sind, sind von Anfang an dunkler als bei anderen Champignonarten, nämlich dunkelweinrot bis dunkelbraun, und werden bei der Reife schwarzbraun. Äusserlich ähnlich ist der essbare Grosse Waldchampignon (S. 180), der im Nadelwald auf Kalk vorkommt. Auch der *Breitschuppige Waldchampignon* (Agaricus lanipes), Abb. 296 in «700 Pilze», hat wegen seines dunkelbraun schuppigen Huts grosse Ähnlichkeit; er ist ebenfalls essbar.

Giftige Doppelgänger: Es gibt keinen ähnlichen giftigen Champignon, besonders wenn man auf die dunkelweinroten Lamellen achtet. Der ungeniessbare *Spitzschuppige Schirmling* (Lepiota aspera), Abb. 311 in «700 Pilze», mit braunschuppigem Hut hat bis ins Alter weisse Lamellen, ausserdem besitzt er einen widerlichen, stechenden Geruch.

Tips für die Küche: Junge Exemplare des Braunen Riesenchampignons sind schmackhaft und können für Misch- und Einzelgerichte sowie für Einlagen in Saucen und Suppen verwendet werden. Einfrieren, Einwecken, Trocknen möglich. Zum Einlegen in Essig und zum Silieren zu schade.

Stadtchampignon, Asphaltchampignon (Agaricus bitorquis) **sehr gut**

Den Pilz erkennen: Der Pilz wächst am liebsten in der Stadt oder in deren Nähe, auf oder neben asphaltierten Wegen, auf Sportplätzen und an Parkwegen, überall da, wo der Boden besonders hart ist. Sein Hut ist meist 5–6 cm, aber auch bis 10 cm gross, der Scheitel flach, er fühlt sich hart und fest an. Das dicke weisse Fleisch kann beim Durchschneiden etwas rosa oder gelblich verfärben. Die jung rosa und später dunkelbraunen Lamellen sind dünn und stehen dicht und sind nicht am Stiel angewachsen. Von der Teilhülle, die jung die Lamellen bedeckt, bleibt ein Ring am Stiel zurück, der auf der Oberseite gerieft ist. Oft findet sich darunter zur Stielbasis hin noch ein schmaler zweiter Ring. Weitere weisse Champignons sind der Wiesenchampignon (S. 59), der Schafegerling (S. 68) und der Schiefknollige Anischampignon (S. 111).

Giftige Doppelgänger: Der ungeniessbare Karbolchampignon (S. 227) ist an seinem typischen Karbolgeruch und der nach Anschnitt chromgelb anlaufenden Stielbasis zu erkennen. Beachten Sie auch den sehr giftigen Kegelhütigen Knollenblätterpilz (S. 212), der bis ins Alter weisse Lamellen und an der Stielbasis eine Scheide hat und ausserdem einen üblen, aasartigen Geruch aufweist.

Tips für die Küche: Das Fleisch des Stadtchampignons wird beim Schmoren zart, behält jedoch eine angenehme Bissfestigkeit. Er sollte sehr fein aufgeschnitten werden. Dank seinem guten Aroma eignet er sich zur Verbesserung von Mischgerichten, aber auch für Einzelgerichte. Ein Salat aus kurz blanchierten, feinblättrig geschnittenen Pilzen sollte mit zarter Marinade angemacht werden, damit das Pilzaroma erhalten bleibt. Einfrieren, Einwecken, Trocknen möglich. Zum Einlegen in Essig und Silieren zu schade.

Faltentintling (Coprinus atramentarius) gut

Den Pilz erkennen: Tintlinge erkennt man am tintenartig schwarzen Zerfliessen alter Exemplare. Der Faltentintling wächst büschelig, oft in vielköpfigen Haufen an Plätzen, wo biologischer Abfall verrottet, wo Holz vermodert oder wo der Boden gut gedüngt wurde. Der Hut wird 3–7 cm hoch, aufgeschirmt hat er Glockenform, der Rand ist etwas faltig-furchig oder schmal gerieft. Die jung weisslich-gräulichen Lamellen beginnen mit der Dunkelfärbung vom äusseren Rand her. Der Stiel wird 10–15 cm hoch und hat keinen Ring, das Fleisch ist weiss. Etwas Ähnlichkeit hat der Schopftintling (S. 43) mit höherem, schuppigem Hut und Ring am Stiel.

Giftige Doppelgänger: Unter den Tintlingen gibt es keinen. Von Form und Farbe her könnte der sehr giftige Kegelhütige Knollenblätterpilz (S. 212) etwas Ähnlichkeit zeigen, der jedoch bis ins Alter weisse Lamellen hat, eine Scheide an der Stielbasis und üblen aasartigen Geruch.

Tips für die Küche: Zu einem Gericht mit Faltentintlingen und einige Stunden danach darf kein Alkohol getrunken werden, manche Personen reagieren darauf mit allergischen Erscheinungen, die mehrere Stunden anhalten können. Für die Küche kommen nur junge Exemplare in Frage, deren Lamellen noch gänzlich hell sind. Sie eignen sich für Misch-, aber auch für Einzelgerichte. Haltbarmachung durch Einfrieren, Einwecken und auch Trocknen, wenn man den Trocknungsvorgang durch Warmluft beschleunigt, so dass die Pilze schneller trocknen als altern und nicht vorher feucht werden und verfärben. Nicht roh essen.

Schopftintling (Coprinus comatus) **gut**

Den Pilz erkennen: Man findet den Schopftintling an Wegrändern ebenso wie auf gutgedüngten Wiesen und Viehweiden, aber auch auf Schuttplätzen und frischen Erdaufwerfungen. Im normalen Wald ist er kaum anzutreffen. Der Pilz ist unverwechselbar. Seine hohe, walzenförmige, zylindrische Form unterrscheidet ihn von allen übrigen Pilzen. Als Tintling erkennt man ihn an der Schwarzfärbung der Lamellen vom Rand her; alte Pilze zerfliessen zum Schluss gänzlich schwarztintig. Der 5–10 cm hohe Hut hat einen weisslichen oder hell bräunlichen glatten Scheitel und ist nach unten hin schuppig aufgerissen. Der weisse Stiel ist hohl und besitzt einen schmalen Ring, der meist bis zur Basis herabfällt. Das Fleisch ist weiss, weich, zart und ohne ausgeprägten Geruch und Geschmack.

Giftige Doppelgänger: Es gibt keinen ähnlichen Giftpilz. Der weissfarbige, sehr giftige Kegelhütige Knollenblätterpilz (S. 212) hat bis ins Alter weisse Lamellen, eine Scheide an der Stielbasis und üblen, aasartigen Geruch.

Tips für die Küche: Das Fleisch ist zwar zart, aber langfaserig, so dass die Hüte und Stiele in feine Scheiben geschnitten werden müssen. Sie sind in etwas Butter geschmort und leicht gewürzt sehr gut. So passen sie besonders gut zu dünnen Scheiben von rohem Schinken. Sehr gut sind die blättrig geschnittenen Pilze auch in einer Kräutersauce mit viel Dill. Haltbarmachung durch Einfrieren, Einwecken und Trocknen, wenn dies durch Warmluftzuführung beschleunigt werden kann. Bei Massenernten kann Silieren empfohlen werden. Nicht roh essen.

Gemeiner Orangebecherling (Aleuria aurantia) **interessant**

Den Pilz erkennen: Dieser Pilz lässt sich fast nach seinem Standort bestimmen. Er bevorzugt sandige kiesige Wege, Waldparkplätze, Sandgruben und ähnliche Plätze. Dort tritt er in vielen Exemplaren auf, ganz klein und erstaunlich gross. Er wird 2–10 cm breit, ist innen orangerot und glatt, aussen etwas heller und kleiig. Sein Fleisch ist spröde und brüchig, er hat keinen ausgeprägten Stiel. Seine anfänglich gleichmässige, rundliche Schüsselform wächst sich zu ungleich wellig-aufgeschlagenen Gebilden aus. Er gehört zu den häufigen Pilzen.

Giftige Doppelgänger: Es gibt keine roten Becherlinge, die giftig sind.

Tips für die Küche: Der Orangebecherling ist kein Pilz zum Schmoren oder Kochen, er ist wegen seiner Farbe eine schöne, essbare Dekoration für eine kalte Platte, hübsche Beigabe zu einem Salat oder einer Sülze oder eine interessante Einlage in einer chinesischen Sauce. Er hat kein Eigenaroma und wird deshalb nur da verwendet, wo es auf einen exklusiven Pfiff ankommt. Haltbarmachung durch Einfrieren, Einwecken und Einlegen in Essig. Trocknen und Silieren sind nicht sinnvoll. Nicht roh essen.

Breitblättriger Samtrübling (Oudemansiella platyphylla) **gut**

Den Pilz erkennen: Der Pilz wächst gern an vermodernden Buchenästen, die mehr oder weniger tief im feuchten Humus des Waldes vergraben sind. Er bildet entsprechend lange weisse, wurzelähnliche Myzelstränge, an denen er sich gut erkennen lässt. Ein weiteres Erkennungsmerkmal sind die besonders breiten, cremefarbenen weitstehenden Lamellen, die der aufgeschnittene Hut auf dem Foto gut zeigt. Der ganze Hut besteht eigentlich nur aus Lamellen, bedeckt und zusammengehalten durch die knorpelige Huthaut. Die Hutfarbe ist bräunlich, auch graubräunlich, und die oberste Hautschicht faserig eingerissen. Der ockerliche Stiel ist glatt bis feingefasert, manchmal etwas verdreht. Das Fleisch ist weisslich, etwas schwammig, in der Stielrinde mehr ockerlich und ohne ausgeprägten Geruch und Geschmack.

Giftige Doppelgänger: Es gibt keinen ähnlichen Giftpilz. Der Riesenrötling (S. 218) hat im Alter lachsrosa Lamellen und einen unangenehmen Mehl-Drogen-Geruch; er hat nicht die besonders breiten Lamellen und nicht die Myzelstränge an der Stielbasis.

Tips für die Küche: Nur die fleischigen jungen Exemplare verwenden. Sie eignen sich als Beigabe zu einem Pilzmischgericht, notfalls auch für ein Einzelgericht, das man mit Kräutern oder der köstlichen Flüssigwürze (S. 240) etwas verbessern muss. Blanchiert kann der Pilz für Salat verwendet werden, weil sein Aroma ohnehin nicht bedeutend ist. Haltbarmachung durch Einfrieren, Einwecken oder Trocknen. Bei Massenfunden auch Silieren. Nicht roh essen.

Pfifferling, Eierschwamm, Gelbschwammerl, Rehling, Recherl — sehr gut

(Cantharellus cibarius) Laubwaldform

Den Pilz erkennen: Wenn man kaum glaubt, dass ein Pfifferling so gross werden kann, alle anderen Merkmale aber zutreffen, dann hatte man das Glück, den Laubwaldpfifferling zu finden. Sein Hutdurchmesser kann 7 cm, die Höhe 10 cm betragen. Die Farbe ist heller als beim häufigeren Nadelwaldpfifferling. Die weit am Stiel herablaufenden Leisten sind teils gabelig verwachsen. Der ganze Pilz ist hell ockerlich-gelblich, das Fleisch weisslich-gelblich. Es schmeckt, roh probiert, pfeffrigwürzig und brennt etwas auf der Zunge. Es gibt eine essbare Abart mit zartlila Schüppchen, besonders konzentriert in der Hutmitte (varietas amethysteus).

Giftige Doppelgänger: Es gibt keinen gefährlichen giftigen Doppelgänger des Pfifferlings. In südlichen Gegenden, besonders Italien, wächst an alten Olivenbäumen oder ausnahmsweise auch anderen Laubholzstümpfen der *Ölbaumtrichterling* (Omphalotus olearius), Abb. 82 in «700 Pilze», der nicht besonders gefährlich ist.

Tips für die Küche: Der Pfifferling gehört zu den am schwersten verdaulichen Pilzen, deshalb sollte er nur in kleinen Portionen gegessen oder Fleischgerichten und Saucen beigegeben werden. In Pilzmischgerichten hilft er, besonders wenn er ganz feinblättrig geschnitten oder gehackt wird, den Geschmack zu verbessern. Die Haltbarmachung ist möglich durch Einwecken. Durch das Einfrieren wird der Pfifferling zäh und bitter. Wenn allerdings nur einige Pfifferlinge in einem Mischgericht enthalten sind, schadet das Einfrieren dem Geschmack nicht. Durch Trocknen werden Pfifferlinge zäh. Zum Einlegen in Essig und Silieren zu schade. Nicht roh essen.

Schuppiger Porling (Polyporus squamosus) **gut**

Den Pilz erkennen: Er ist von April bis Juni ziemlich häufig in Auwäldern und an anderen feuchten Plätzen, wo Laubholzstümpfe vermodern. Schon an jungen Exemplaren erkennt man den in braune Schuppen aufgerissenen Hut mit hellem Untergrund. Die Unterseite der bis zu 30 cm grossen, konsolenförmigen Pilze ist weisslich und besteht aus Poren, die jung ziemlich eng sind, später immer weiter werden. Der seitliche dicke Stiel ist anfangs weisslich, im Alter besitzt er eine schwarze Basis. Das Fleisch ist weisslich, bei jungen Pilzen zart und brüchig, bei alten korkig bis lederig-zäh.
Giftige Doppelgänger: Unter den fleischigen, seitlich gestielten, aus Holz herauswachsenden Porlingen gibt es keinen gefährlichen Giftpilz. Der etwas ähnliche *Riesenporling* (Meripilus giganteus), Abb. 614 in «700 Pilze», läuft nach Druck oder Anschnitt schwarz an und ist wegen seines bittersäuerlichen Geschmacks nicht geniessbar.

Tips für die Küche: Dieser grosse Pilz bringt an einem Erscheinungsort so viele Exemplare, dass wir nur die feinsten aussuchen. Solange man mit dem Daumennagel leicht in das Fleisch eindringen kann oder es sich mit dem Messer gut schneidet, ist es für alle Pilzgerichte zu gebrauchen. Besonders gut sind ½ cm dicke Scheiben paniert und gebraten wie Wiener Schnitzel. Stiele und etwas ältere Hüte können frisch für eine Brühe ausgekocht werden, die wie Fleischbrühe schmeckt. Haltbarmachung von jungem, zartem Pilzfleisch durch Einfrieren, und Einwecken. Zum Silieren müsste das Pilzfleisch in grössere dünne Scheiben aufgeschnitten werden. Nicht roh essen.

Schwefelporling (Laetiporus sulphureus) **gut**

Den Pilz erkennen: Ab Mai/Juni kommt an Laubholzstümpfen, aber auch an kranken Stellen lebender Laubbäume der meist auffallend leuchtend gelbe grosse Porling mit orangeroten Zonen vor. Bei trockenem Wetter und besonders in fortschreitendem Alter wird die Oberseite des Pilzes heller, und das Gelb geht in schmutziges Cremeweiss über. Die porige Unterseite bleibt lange gelb. Das Fleisch ist jung weich und zart und riecht angenehm.

Giftige Doppelgänger: Es gibt keinen ähnlichen Giftpilz. Der ungeniessbare *Riesenporling* (Meripilus giganteus), Abb. 614 in «700 Pilze», hat eine braunfaserig zerrissene Oberseite und läuft nach Druck oder Anschnitt schwarz an.

Tips für die Küche: Nur die zartesten Fruchtkörper aussuchen. Wenn sich das Fleisch mit dem Daumennagel eindrücken lässt, sind sie für die Küche brauchbar. In kleinen Mengen können sie blättrig geschnitten Pilzmischgerichten beigegeben werden, aber es lässt sich auch ein feines Spezialgericht daraus herstellen: ½ cm dicke Scheiben panieren und wie Wiener Schnitzel braten oder Stifte von Fingerlänge ½ cm dick und breit schneiden, leicht salzen, durch Eierkuchenteig ziehen und in Fett ausbacken (Anhänger der chinesischen Küche werden eine süsssaure scharfe Sauce dazu bereiten). Der Schwefelporling gehört zu den wenigen Pilzen, die man ein paar Tage im Kühlschrank aufbewahren kann. Beim Einfrieren und Einwecken saugen die Pilze viel Wasser auf. Sie müssen später gut ausgedrückt werden. Trocknen ist möglich, Silieren mässig gut. Nicht roh essen. Kann nach einer Mitteilung aus dem Leserkreis, mit Alkohol genossen, unbekömmlich sein.

Flockenstieliger Hexenröhrling, Schusterpilz (Boletus erythropus) **sehr gut**

Den Pilz erkennen: An warmen Hängen kann man diesen grossen Röhrling, der dem Steinpilz an Güte nicht nachsteht, schon ab Mai finden. Ein markantes Erkennungsmerkmal ist das rasche Blauanlaufen des gelben Fleisches, wenn der Pilz durchgeschnitten wird. Die Verfärbung geht beim Erhitzen zurück, und das Pilzgericht wird appetitlich gelb. Der Hut des Flockenstieligen Hexenröhrlings wird bis 20 cm gross, meist hat er 10–12 cm ∅. Er ist dunkelbraun, samtig-filzig, kann aber auch in seltenen Fällen fast gelb sein. Die Röhrenschicht erscheint beim Betrachten rot, rostrot oder rotbraun, beim Durchschneiden sieht man dann, dass nur die Röhrenmündungen rot, die langen Röhren aber olivgrün gefärbt sind. Der dickfleischige Stiel ist mit rötlichen Flöckchen besetzt und verfärbt sich wie das Röhrenpolster auf Druck dunkelblau. Sehr ähnlich ist der essbare Netzstielige Hexenröhrling (S. 169).

Giftige Doppelgänger: Man vergleiche den als giftig verschrieenen Satansröhrling (S. 230), der nach Erhitzen aber unschädlich ist. Es gibt keinen giftigen Röhrling mit roten Röhren und dunkelbraunem Hut.

Tips für die Küche: Dieser angenehm festfleischige Pilz ist für Misch-, aber auch für Einzelgerichte zu verwenden. Haltbarmachung am besten durch Einfrieren. Zum Einwecken sollte er vorschriftsmässig vorgekocht und mit frischem Wasser in die Gläser gefüllt werden, da er sonst schleimig wird. Er eignet sich besonders gut zum Trocknen. Zum Einlegen in Essig und Silieren zu schade. Nicht roh essen.

Roter Lacktrichterling (Laccaria laccata) **mässig gut**

Den Pilz erkennen: Ab Juni, an warmen Hängen und auf sonnenbeschienenen Waldwegen auch schon eher, kommt der Rote Lacktrichterling meist in Scharen. Sein flattriges dünnes Hütchen ist feucht fuchsigrot, um bei Trockenheit bis cremeblass auszubleichen. Dann ist er immer noch an seinen fleischrot bleibenden, weitstehenden Lamellen zu erkennen. Meist wird der Hut 1–3 cm gross, aber gerade von dieser Art gibt es neben Mini- auch Riesenformen von 5 cm und mehr sowie auch verwachsene Gebilde, die kaum noch an die Urform erinnern. Ihm ähnlich ist der ebenfalls essbare *Zweifarbige Lacktrichterling* (Laccaria bicolor), Abb. 129 in «700 Pilze», der zu seinem fleischfarben-fuchsigen Hut weisse hellila getönte Lamellen aufweist und an der Stielbasis etwas lilafarbenes Myzel zeigt, wenn man den Pilz vorsichtig aus dem Erdreich nimmt.

Giftige Doppelgänger: Man vergleiche den sehr giftigen Orangefuchsigen Hautkopf (S. 213), der jedoch neben anderen Unterscheidungsmerkmalen orangebraune Lamellen hat und rostbraunes Sporenpulver zeigen würde, wenn man die Probe auf Papier macht. Die Lacktrichterlinge haben hingegen lilablasses Sporenpulver. Der giftige Kegelhütige Risspilz (S. 215) ist durch seine Form, das Hutaufreissen und die graulichen Lamellen gut zu unterscheiden.

Tips für die Küche: Der Rote Lacktrichterling hat kein auffälliges Aroma und wird nur als Füllpilz für ein Mischgericht genommen. Da er nach dem Erhitzen seine Farbe behält, eignet er sich blanchiert auch für einen interessanten Salat. Haltbarmachung durch Einfrieren, Einwecken, Trocknen, Einlegen in Essig. Nicht roh essen.

Amethystblauer Lacktrichterling (Laccaria amethystina) **mässig gut**

Den Pilz erkennen: Ab Juli ist der Pilz an feuchten Stellen in Laub- und Nadelstreu zu finden. Der Hut wird 2–6 cm gross und ist feucht satt-violett bis violettbraun, trocken kann er bis weisslich ausbleichen. Die dicklichen, weitstehenden Lamellen bleiben jedoch lila getönt, so dass man ihn dann immer noch erkennen kann. Der Stiel ist steif und bis 10 cm lang, das Fleisch violettlich und wässrig durchzogen. Der Pilz hat keinen auffälligen Geruch.

Giftige Doppelgänger: Mit glattem Hut und lila Lamellen gibt es keinen ähnlichen Giftpilz. Ungeniessbare, entfernt ähnliche Pilze sind der *Weissflockige Gürtelfuss* (Cortinarius hemitrichus), Abb. 467 in «700 Pilze», und der *Geraniengürtelfuss* (Cortinarius paleiferus), Abb. 466 in «700 Pilze», die beide einen spitzgebuckelten, mit weissen Flöckchen besetzten Hut haben.

Tips für die Küche: Diesen Pilz sammelt man nicht wegen seines Geschmacks, denn er hat fast kein Aroma, sondern viel mehr wegen seiner Farbe. Auch nach dem Erhitzen bleibt er schön lila, so dass er vorwiegend für dekorative Zwecke verwendet wird: für Salat, Sülze, als bunte Einlage in Essigpilzen oder für sonstige Dekoration. Haltbarmachung durch Einfrieren, Einwecken, Trocknen oder Einlegen in Essig. Nicht roh essen.

Mehlräsling (Clitopilus prunulus) **gut**

Den Pilz erkennen: Der Pilz gehört zu den häufigen Pilzen und ist überall zu finden; Laubwald oder einzelne Laubbäume zieht er vor. Der Hut ist weiss bis hellgrau, meist 5–6 cm, aber auch bis 10 cm gross. Die Lamellen laufen am Stiel herab und sind jung weiss, später zartrosa. Sie bieten neben dem starken Mehlgeruch des Pilzes das beste Erkennungsmerkmal: drückt man mit dem Daumen flach darauf, zerquetschen an dieser Stelle die äusserst weichen Lamellen. Bei anderen Pilzen würden sich diese beiseite biegen oder absplittern, aber sie würden sich nicht zerquetschen lassen. Das weissliche Fleisch ist zart und weich.

Giftige Doppelgänger: Es gibt einige giftige weisse Trichterlinge, wovon der Laubfreundtrichterling (S. 220) und der Feldtrichterling (S. 221) abgebildet sind. Sie haben ähnliche Farbe und Form, aber nicht den starken Mehlgeruch und die extrem weichen rosagefärbten Lamellen reifer Exemplare des Mehlräslings.

Tips für die Küche: Der Mehlgeruch des rohen Pilzes geht beim Schmoren weitgehend zurück, so dass dieser für Misch- und Einzelgerichte verwendet werden kann. Mit Gewürzen und Kräutern lässt er sich sogar geschmacklich abwandeln. Haltbarmachung durch Einfrieren, Einwecken, Trocknen, Einlegen in Essig und Silieren. Nicht roh essen.

Pfifferling, Eierschwamm, Gelbschwammerl, Rehling, Recherl **sehr gut**
(Cantharellus cibarius)

Den Pilz erkennen: Gleich wenn die Blaubeerzeit herum ist, schliesst sich an denselben Stellen die Pfifferlingsernte an. Dieser Pilz kommt im Laub- und Nadelwald vor. Vergleichen Sie auch die Laubwaldform des Pilzes auf S. 46. Häufiger gibt es den kleineren, knubbeligen, dunkelgelben Pfifferling, der bei Blaubeerbüschen, Heidekraut, in tiefem Moos oder an Waldrändern und Böschungen, besonders auch in Strassengräben der Waldfahrwege wächst. Der 3–5 cm grosse, dottergelbe oder auch bräunlichgelbe Hut ist ungleich verformt, der Rand lange nach innen eingebogen. Die zum Teil gabelig verästelten Leisten laufen etwas am Stiel herab, der weisslich-gelblich gefärbt ist und eine meist verjüngte Stielbasis aufweist. Das weisslich-gelbliche Fleisch schmeckt, roh probiert, pfeffrig-scharf.

Giftige Doppelgänger: Zu diesem kleinen Pfifferling gibt es keinen giftigen Doppelgänger, der grosse, leicht giftige *Ölbaumtrichterling* (Omphalotus olearius), Abb. 82 in «700 Pilze», wächst nur in südlichen Regionen, besonders in Italien, an alten Olivenbäumen und hat nicht den pfeffrigscharfen Geschmack. Der Falsche Pfifferling (S. 102) ist essbar und eine Verwechslung mit ihm deshalb nicht schlimm.

Tips für die Küche: Der Pfifferling ist schwer verdaulich, deshalb sollte er nur in kleinen Portionen gegessen oder Fleischgerichten und Saucen beigegeben werden. In Pilzmischgerichten hilft er, fein geschnitten, den Geschmack zu verbessern. Haltbarmachung nur durch Einwecken empfehlenswert. Durch Einfrieren wird er bitter, durch Trocknen zäh. Nicht roh essen.

Rehbrauner Dachpilz (Pluteus atricapillus) **mässig gut**

Den Pilz erkennen: Am leichtesten lässt sich der Pilz erkennen, wenn er wie üblich einzeln auf einem morschen Baumstumpf wächst. (Die abgebildeten Exemplare wuchsen büschelig auf Laub-Nadelwald-Streu in besonders kräftiger Form.) Auf hohem schlankem Stiel sitzt der heller oder dunkler braune, meist 6–8 cm breite Hut. Die weissen, im Alter rosafarbenen Lamellen sind nicht am Stiel angewachsen, sondern frei. Sie sind dünn und dichtstehend. Sind die Lamellenschneiden schwarzbraun, dann handelt es sich um den ebenfalls essbaren *Schwarzschneidigen Dachpilz* (Pluteus atromarginatus), der nur auf Nadelholz wächst. Das weiche weissliche Fleisch riecht und schmeckt etwas muffig oder kartoffelartig. Etwas ähnlich ist der *Graue Dachpilz* (Pluteus salicinus), der ebenfalls essbar ist.

Giftige Doppelgänger: Man beachte den giftigen Riesenrötling (S. 218), der ebenfalls erst weisse, später lachsrosa Lamellen hat. Er ist recht selten, wächst auf dem Erdboden im Laubwald und hat einen ausgeprägten unangenehmen Geruch nach Mehl und Drogen.
Tips für die Küche: Wem das etwas eigenartige Aroma des Pilzes nicht gefällt, wird ihn nur in kleinen Mengen einem Pilzmischgericht beigeben oder mit einer sauren Sauce zubereiten. Mit etwas Essig oder Zitronensaft wird der Beigeschmack gemindert. Blanchiert ist er für Salat geeignet. Haltbarmachung durch Einfrieren, Einwecken, Trocknen und Einlegen in Essig. Bei Massenernten empfiehlt sich das Silieren. Nicht roh essen.

Marmorierter Rötelritterling (Lepista rickenii) **gut**

Den Pilz erkennen: Etwa ab September findet man oft auf abgegrasten Weiden und gemähten Wiesen einige Grosspilze. Die meisten von ihnen sind essbar und gut. Den Marmorierten Rötelritterling kennt man schnell heraus am «marmorierten» Hut, d.h. an der Fleckenzeichnung, die an Wassertropfen erinnert. Der matte, leicht bereifte Hut, wie überhaupt der ganze Pilz, zeigt eine hellbräunliche, ockerbraune, manchmal aber auch etwas dunkler braune Tönung. Der Hut misst meist 6–8 cm, kann jedoch auch grösser werden. Die Lamellen sind dünn und dichtstehend. Das dicke Fleisch riecht stark mehlartig. Am gleichen Standort kann der essbare *Graubräunliche Rötelritterling* (Lepista luscina), Abb. 148 in «700 Pilze», wachsen, dessen Farbe mehr ins Grauliche spielt. Etwas später findet man dort den Violetten Rötelritterling (S. 194), den Lilastieligen Rötelritterling (S. 193), die Nebelkappe (S. 195) und Saftlinge (S. 191 und S. 192).

Giftige Doppelgänger: Es gibt an dem Standort des Marmorierten Rötelritterlings keinen ihm ähnlichen Giftpilz. Man vergleiche den giftigen Riesenrötling (S. 218), der in Waldnähe bis ins Grasland hinaus wachsen könnte, aber neben seinem üblen Mehl-Drogen-Geruch keinen getropften Hut hat. Eine angedeutete Tropfenzeichnung hat nur noch der Fahle Trichterling (S. 104), der im Laub- und Nadelwald wächst.

Tips für die Küche: Der Pilz eignet sich in kleinen Mengen für Pilzmischgerichte, oder, wenn man an seinem leichten Mehlgeschmack nichts auszusetzen hat, auch für Einzelgerichte. Durch etwas kräftigeres Würzen oder eine säuerliche Sauce lässt sich das Aroma beeinflussen. Nach dem Blanchieren auch für Salat geeignet. Haltbarmachung durch Einfrieren, Einwecken, Trocknen, Einlegen in Essig, Silieren. Nicht roh esssen.

Porphyrbrauner Rötling (Entoloma porphyrophaeum) sehr würzig

Den Pilz erkennen: Auf Weideland völlig ohne Baumbestand, aber auch auf Wiesen in der Nähe eines Waldes können Trupps von Porphyrbraunen Rötlingen erscheinen. Durch das Gras, das höher als sie selbst ist, sieht man sie zunächst kaum, man wird aber nach dem ersten immer weitere finden. Diese Art wächst sehr gesellig und bevorzugt an seinem Standort leichte Bodenmulden, die sich etwas feuchter halten als das übrige Gelände. Als Rötling ist er an seinem rötlichen Sporenpulver zu erkennen. Durch den stark gebuckelten, bis 8 cm breiten Hut und das violettliche Braun (Porphyrbraun) von Hut und Stiel kommt man dann bald auf die Artdiagnose. Die fleischrötlichen Lamellen sind breit und weitstehend, die Schneiden etwas gekerbt. Der Stiel ist zartfaserig beflockt, manchmal leicht verdreht und an der Basis mit weissem Myzel bekleidet. Roh probiert schmeckt der Pilz erst süsslich, später etwas unangenehm.

Giftige Doppelgänger: An seinem Standort auf Wiesen und Weiden gibt es keinen ähnlichen Giftpilz. Der recht seltene giftige Riesenrötling (S. 218) kann an einem Waldrand stehen, hat aber ein anderes Aussehen und widerlichen Mehl-Drogen-Geruch. Vergleichen Sie auch den giftigen Kegeligen Risspilz (S. 212).

Tips für die Küche: Wegen des kräftigen Aromas wird man nur wenige Pilze einem Mischgericht oder einer Fleischspeise, einer Sauce oder Suppe zugeben. Es empfiehlt sich, keine grossen Portionen davon zu essen. Haltbarmachung durch Einfrieren, Einwecken, Trocknen. Zum Einlegen in Essig und Silieren wegen des würzigen Aromas zu schade. Nicht roh essen.

Wiesenchampignon, Feldegerling (Agaricus campester) gut

Den Pilz erkennen: Der Wiesenchampignon wächst, im Gegensatz zu ähnlichen Champignonarten, auf Viehwiesen und Pferdekoppeln und kommt dort immer in kleinen Gruppen vor. Der meist 5–7 cm grosse Hut kann weiss, aber auch bräunlich-schuppig sein. Bei jungen Pilzen sind die Lamellen von der Teilhülle bedeckt, die nach Aufreissen teils fransig am Hutrand hängen bleibt, aber auch einen Ring am Stiel hinterlässt. Die Lamellen sind bei jungen Exemplaren rosa, im Alter dunkelbraun. Der weisse Stiel ist unter dem Ring, der später auch abfallen kann, faserig bis schuppig und hat oft eine zugespitzte Basis. Das weisse Fleisch kann nach Anschnitt schwach rosa anlaufen, es riecht nach frisch gesägtem Holz. Auf der gleichen Wiese kann der ebenfalls weisse, aber viel grössere essbare Grosssporige Champignon (S. 60) wachsen. Sein Hut wird bis 25 (35) cm gross.

Giftige Doppelgänger: Der sehr ähnliche unbekömmliche Karbolchampignon (S. 227) unterscheidet sich durch seinen Karbolgeruch und die nach Anschnitt chromgelb verfärbende Stielbasis. Gefährliche Erkrankungen durch ihn sind nicht bekannt. Vom sehr giftigen Kegelhütigen Knollenblätterpilz (S. 212) oder der weissen Form des Grünen Knollenblätterpilzes (S. 211) unterscheidet sich der Wiesenchampignon schon durch seine rosa bis braunen Lamellen, die bei den Knollenblätterpilzen bis ins Alter weiss bleiben.
Tips für die Küche: Wegen des unauffälligen Aromas für Misch- und Einzelgerichte geeignet. Sein zartes Fleisch erlaubt auch das Braten in der Pfanne, bis er hellbraun und leicht knusprig ist. Er ist einer der wenigen Pilze, die roh nicht giftig sind, deshalb auch Salat aus ungekochten Pilzen (sonst kurz blanchiert) möglich. Haltbarmachung durch Einfrieren, Einwecken, Trocknen, Einlegen in Essig. Zum Silieren zu schade.

Grosssporiger Champignon (Agaricus macrosporus) **gut**

Den Pilz erkennen: Durch seinen grossen, bis 35 cm breiten Hut fällt der Pilz sofort auf. Der Hut ist weiss bis zartockerlich und gilbt auf Druck. Er ist glatt bis feinschuppig und lange halbkugelig geschlossen. Nach dem Aufschirmen bleiben von der Teilhülle fransige Reste am Hutrand hängen; der grössere Teil bildet einen dickhäutigen Ring am Stiel. Der Stiel ist an der Spitze glatt, unter dem Ring faserig und zur Basis hin oft auffallend gürtelig geschuppt. Die schmalen, dichtstehenden Lamellen sind jung blassrosa bis graurosa, im Alter dunkelbraun. Das dicke weisse Fleisch kann im Anschnitt etwas rosa verfärben, es riecht leicht anis- oder mandelartig. Der gelbe Fleck auf dem jungen Hut des Fotos ist die chemische Reaktion auf KOH.

Giftige Doppelgänger: In dieser Grösse gibt es keinen ähnlichen giftigen Pilz. Der unbekömmliche Karbolchampignon (S. 227) ist schmächtiger und durch seinen Karbolgeruch und die nach Anschnitt chromgelb verfärbende Stielbasis zu erkennen. Der Kegelhütige Knollenblätterpilz (S. 212) oder die weisse Form des Grünen Knollenblätterpilzes (S. 211) unterscheiden sich u. a. durch bis ins Alter weisse Lamellen.

Tips für die Küche: Von diesen grossen Pilzen wählen wir nur die jüngsten aus. Durch das unauffällige Aroma sind sie für Mischgerichte geeignet, gutgewürzt oder mit Sahne und Butter verfeinert entsteht auch ein schmackhaftes Einzelgericht. Blanchiert sehr gut für Salat. Haltbarmachung durch Einfrieren, Einwecken, Trocknen. Zum Einlegen in Essig und Silieren zu schade. Der Pilz gehört zu den gilbenden Champignons mit erhöhtem Cadmiumgehalt (s. S. 15).

Hasenbovist, Hasenstäubling (Calvatia utriformis) **gut**

Den Pilz erkennen: Der bis 20 cm grosse rundliche Pilz ist auf den im Herbst kurzgrasigen Weidewiesen schon von weitem zu sehen. Zur Basis hin ist er verjüngt oder sackartig zusammengezogen. Bei jungen Exemplaren ist die Aussenhaut glatt und weiss, aber bald verfärbt sie sich ins Gräuliche und reisst felderig auf. Das Innere ist erst weiss und fest, dann matschig grünlich-gelb und zuletzt pulverig-flockig olivbraun. Am gleichen Standort kann auch der essbare *Riesenbovist* (Langermannia gigantea), Abb. 569 in «700 Pilze», wachsen, der aber oft bis zu 50 cm gross wird. Die Haut bleibt bei diesem Pilz lange glatt.

Giftige Doppelgänger: Zu den weissen Bovisten mit anfänglich weissem Fleisch gibt es keinen giftigen Doppelgänger. Ungeniessbar ist der bis 10 cm grosse *Kartoffelbovist* (Scleroderma citrina), Abb. 582 und 583 in «700 Pilze», der nur ganz jung innen hell und schon bald schwärzlich ist. In Form und Farbe ähnelt er einer rissigen Kartoffel.

Tips für die Küche: Nur schnittfeste weisse Boviste kommen für die Küche in Frage. Sobald das Fleisch sich beim Schneiden zusammendrückt oder gar schwammig ist, sind sie zu alt. Feine Scheibchen in Butter gebraten oder Stifte wie Pommes frites zubereitet sind Spezialgerichte für diese Pilzart. Auch ½ cm dicke Scheiben paniert und wie Wiener Schnitzel gebraten, mit möglichst denselben feinen Beilagen, sind eine Delikatesse. Blanchiert auch für Salat. Zum Kochen oder Schmoren eignen sich die Boviste nicht so gut. Haltbarmachung nur durch Trocknen und Silieren dünner Scheiben. Nicht roh essen.

Ansehnlicher Scheidling, Grosser Scheidling (Volvariella speciosa) **mässig gut**

Den Pilz erkennen: Der Pilz entwickelt sich sehr schnell und in grossen Mengen auf Äckern. In kleinen Gruppen auch an Wegrändern, auf Wiesen und in Parkanlagen. Der 6–12 cm grosse Hut ist weisslich, bei später im Jahr wachsenden Exemplaren graubräunlich und schmierig. Er hat jung Glockenform und bleibt auch nach dem Aufschirmen glockig gewölbt. Die freien Lamellen bleiben lange gelblichweiss und nehmen erst im Alter eine Rosatönung an. Der Stiel ist bis 15 cm lang, schmutzigweiss und steckt tief im Boden. Beim Ausgraben findet man an der Stielbasis eine häutige, leicht abfallende Scheide, Rest der Gesamthülle, die den Pilz jung umschlossen hat. Teile davon können auch einmal als grosser Fetzen auf dem Hut zurückbleiben wie auf dem rechten Pilz des Fotos. Das weiche weissliche Fleisch riecht und schmeckt rettichartig.

Giftige Doppelgänger: Von Form und Farbe her sieht der sehr giftige Kegelhütige Knollenblätterpilz (S. 212) ähnlich aus. Er wird jedoch nicht auf Äckern vorkommen, sondern bevorzugt den Nadelwald. Er hat bis ins Alter weisse Lamellen, eine flüchtige Manschette am Stiel als Rest der Teilhülle (die der Scheidling nicht hat), eine kräftige häutige Scheide und aasartigen Geruch. Der weniger ähnliche unbekömmliche Karbolchampignon (S. 227) hat im Alter dunkelbraune Lamellen, Karbolgeruch, keine Scheide und eine nach Anschnitt chromgelb verfärbende Stielbasis.

Tips für die Küche: Wenige Exemplare zum Auffüllen des Pilzmischgerichts verwenden. Beim Einzelgericht kann der Geschmack durch Essig- oder Zitronensaftzugabe, durch kräftiges Würzen oder gehackte Kräuter noch korrigiert werden. Blanchiert für Salat geeignet. Haltbarmachung durch Einfrieren, Einwecken, Trocknen, Einlegen in Essig, Silieren. Nicht roh essen.

Mönchskopf (Clitocybe geotropa)

gut

Den Pilz erkennen: Dieser Pilz gehört zu den Grossen, die man einfach nicht übersehen kann. Er liebt Waldwiesen und lichte grasige Wälder. Sein Hut wird bis zu 20 (30) cm gross, der Stiel bis 15 cm hoch. Die Lamellen laufen etwas am Stiel herab. Der ganze Pilz ist mehr oder weniger cremeweisslich-ockerlich. Das Fleisch ist weisslich und immer trocken und riecht süsslich oder wie Bittermandeln. Noch grösser, bis 40 cm Hutdurchmesser, wird der ebenfalls weissliche essbare *Riesenkrempentrichterling* (Aspropaxillus giganteus), der gern in Hexenringen wächst, aber keinen Buckel im Hutzentrum hat. Am gleichen Standort kann auch die etwas ähnliche essbare Nebelkappe (S. 195) wachsen.

Giftige Doppelgänger: In dieser Form, Farbe und Grösse gibt es keinen ähnlichen Giftpilz. Vergleichen Sie den giftigen Laubfreundtrichterling (S. 220) mit der bleiweissen, firnisartigen Schicht auf dem Hut und dem säuerlichen Geruch.

Tips für die Küche: Es kommen nur junge Exemplare für die Küche in Frage, ältere sind zäh und ungeniessbar. Sein Fleisch ist nach dem Schmoren weichlich und süsslich. Er eignet sich für Mischgerichte und bei Aufbesserung durch Gewürze oder Kräuter auch für Einzelgerichte. In fingerlange Streifen geschnitten, kann er auch durch Eierkuchenteig gezogen und in Fett ausgebacken werden. Ein chinesisches Gericht wird daraus mit scharfer süss-saurer Sauce; auch Tomatensauce schmeckt dazu. Oder versuchen Sie einmal, aus diesem Pilz «Saure Kutteln» zu machen. Haltbarmachung durch Einfrieren, Einwecken, Trocknen, Einlegen in Essig, Silieren. Nicht roh essen.

Veilchenrötelritterling (Lepista irina) **gut**

Den Pilz erkennen: Der Pilz bevorzugt lichte Mischwälder und grasige Auwälder; er wandert aber auch einmal in die Wiese in Waldnähe hinaus. Bei feuchtem Wetter nimmt er viel Wasser auf und ist dann karamelfarbig bis fleischrötlich, um bis weissfalb auszubleichen, wenn er abtrocknet. Der Hut ist meist 5–8 cm gross, kann aber auch 12 cm erreichen, der Rand ist scharf eingerollt und bleibt lange weisslich. Die Lamellen sind weisslich bis fleischrötlich, schmal und ziemlich dichtstehend. Der Stiel wird 5–15 cm lang, ist ähnlich wie der Hut gefärbt und vollfleischig. Das Fleisch ist wässrig durchzogen und riecht parfümartig süsslich, an Veilchenwurzeln erinnernd.

Giftige Doppelgänger: Vergleichen Sie den giftigen Laubfreundtrichterling (S. 220), der eine bleiweisse, firnisartige Schicht auf dem Hut aufweist und säuerlich riecht. Etwas Ähnlichkeit hat auch der giftige Riesenrötling (S. 218), der jedoch einen üblen Mehl-Drogen-Geruch besitzt.

Tips für die Küche: Einer der Massenpilze, mit dem man sich etwas Mühe geben muss, wenn man die grosse Ernte nutzen will. Das süssliche Aroma gefällt nicht jedem. Für Pilzmischgerichte ist er gut geeignet, bei Aufbesserung durch Gewürze oder Kräuter auch für Einzelgerichte, nach dem Blanchieren auch für Salat. Haltbarmachung durch Einfrieren, Einwecken, Trocknen, Einlegen in Essig. Bei grossen Mengen ist das Silieren zu empfehlen. Nicht roh essen.

Gilbender Ritterling (Tricholoma scalpturatum) **gut**

Den Pilz erkennen: An Wegrändern, in Parkanlagen, an grasigen Stellen innerhalb und ausserhalb der Wälder trifft man auf den Gilbenden Ritterling. Er zählt zu den häufigen Pilzen und kommt meist in grösseren Gruppen vor. Das weisse Sporenpulver und die ausgebuchteten Lamellen kennzeichnen ihn als Ritterling. Der meist 4–6 cm grosse, schülferig-schuppige Hut mit unterschiedlichen graubraunen Tönen (manchmal kann sogar etwas Lila beigemischt sein) verfärbt sich im Alter am Rande gelb und reisst oft ein. Die dichtstehenden, anfangs grauweisslichen Lamellen gilben später ebenfalls. Der weissliche Stiel wird bis 8 cm lang. Das weissliche Fleisch riecht leicht mehlartig. Er hat etwas Ähnlichkeit mit dem essbaren *Erdritterling* (Tricholoma terreum), Abb. 183 in «700 Pilze», und dem ebenfalls essbaren Schwarzschuppigen Ritterling (S. 170), der dunkler schuppig ist, nicht gilbt und Kalk liebt.

Giftige Doppelgänger: Beachten Sie den giftigen Tigerritterling (S. 219), der kompakt und dickfleischig ist, oft tränende Lamellen aufweist und auf Kalkboden wächst.

Tips für die Küche: Diesen etwas schmächtigen Pilz ohne hervortretendes Aroma wird man zum Auffüllen von Pilzmischgerichten nehmen oder zum Trocknen. Feste und junge Exemplare eignen sich auch für ein Einzelgericht oder blanchiert für Salat. Haltbarmachung durch Einfrieren, Einwecken, Trocknen, Einlegen in Essig und Silieren. Nicht roh essen.

Parasol, Grosser Schirmling (Macrolepiota procera) **sehr gut**

Den Pilz erkennen: Am Waldrand, auf Wiesen in Waldnähe, an Wegböschungen bei Strauchwerk steht wie ein Schirm in Miniaturausgabe der Parasol. Sein Hut ist meist etwa 15 cm breit, manchmal auch 20–25 cm. Die feine bräunliche Oberhaut zerbricht beim Aufschirmen in mehr oder weniger abstehende Schuppen, die sich vom weisslichen Untergrund abheben. Die Lamellen sind am Stiel in einem schmalen, kragenartigen Ring (Kollar) verwachsen. Sie sind jung weiss, später etwas rosafleckig und schliesslich schmutzig rosa. Die wattig-häutige Teilhülle des jungen Pilzes hinterlässt beim Aufschirmen fransig-zottige Reste am Hutrand und bildet einen kräftigen, verschiebbaren Ring am Stiel. Der braunfaserig-schuppige Stiel wird 15–30 cm hoch und endet an der Basis in einer mehr oder weniger starken Knolle. Das weissliche weiche Fleisch schmeckt roh probiert nussartig. Ähnlich ist auch der essbare Safranschirmling (S. 67).

Giftige Doppelgänger: Es gibt keinen ähnlichen Giftpilz in dieser Grösse und Gestalt. Der ungeniessbare *Spitzschuppige Schirmling* (Lepiota aspera und Lepiota acutesquamosa), Abb. 311 in «700 Pilze», hat einen so widerlichen Geruch und Geschmack, dass niemand in Versuchung kommen wird, ihn zu essen. Der ähnlich aussehende *Weissstielige Riesenschirmling* und der im Fleisch rosa verfärbende Schirmling sind ebenfalls essbar.

Tips für die Küche: Der Parasol kann eine Spezialität sein, aber nur auf eine einzige Art zubereitet: der Hut wird vom Stiel gelöst, trocken gesäubert, leicht gesalzen und in Mehl gewendet oder paniert wie Wiener Schnitzel in reichlich Fett in der Pfanne von beiden Seiten hellbraun gebraten. Nur allerjüngste und völlig geschlossene Hüte können fein blättrig geschnitten einem Mischgericht beigegeben werden. Haltbarmachen ausschliesslich durch Trocknen. Nicht roh essen.

Safranschirmling, Rötender Schirmling (Macrolepiota rhacodes) **gut**

Den Pilz erkennen: Überall an lichten grasigen Plätzen zwischen Bäumen, am Waldrand und in Parkanlagen kann der Safranschirmling erscheinen. Sein Hut ist meist 10–12 cm, gelegentlich bis 15 cm gross. Die obere Huthaut zerbricht beim Aufschirmen in grosse auffällige Schuppen. Die dichtstehenden Lamellen sind cremeweisslich und verfärben nach Berühren rötlich. Die sie im jungen Zustand bedeckende Teilhülle hinterlässt einen fetzigen Behang am Hutrand und einen wattig-häutigen, nach oben und unten verschiebbaren Ring am Stiel. Der 12–15 cm lange Stiel hat eine knollige Basis. Beim Durchschneiden des Pilzes läuft das helle Fleisch safrangelb bis roströtlich an. Der Geruch ist angenehm. Die Einblendung auf dem Foto zeigt die varietas hortensis, die in Gärten vorkommt. Diese Art besitzt eine ausgeprägte gerandete Knolle bei sonst ähnlichem Aussehen. Die Geniessbarkeit ist umstritten.

Giftige Doppelgänger: Es gibt keinen ähnlichen Giftpilz mit rötendem Fleisch. Der äusserlich etwas ähnliche *Spitzschuppige Schirmling* (Lepiota aspera und Lepiota acutesquamosa), Abb. 311 in «700 Pilze», hat einen so widerlichen Geruch und Geschmack, dass man nicht in Versuchung kommen würde, ihn zu essen.
Tips für die Küche: Dieser Pilz ist nur paniert gebraten wie Wiener Schnitzel gut. Allerjüngste, noch völlig geschlossene Exemplare können fein blättrig geschnitten einem Mischgericht beigegeben werden. Der Stiel ist zähfasrig und fast holzig. Nach dem Trocknen kann er zu köstlicher Flüssigwürze (S. 240) weiterverwertet werden. Haltbarmachung ist nur durch Trocknen möglich. Nicht roh essen.

Schafegerling, Anischampignon (Agaricus arvensis) sehr gut

Den Pilz erkennen: Der Schafegerling bevorzugt die Nähe von Wald, einzelne Baumgruppen oder Gebüsch und kommt aus grasigem oder auch unbewachsenem Boden. Seine Lamellen sind jung weisslich bis cremegraulich und nicht wie bei anderen jungen Champignons rosa. Sie sind frei und nicht am Stiel angewachsen und werden später dunkelbraun. Der weissliche Pilz läuft, wo er gedrückt oder verletzt wird, gelb an und riecht nach Anis. Der Hut kann bis 15 cm gross werden, ist meist jedoch 6–8 cm. Er glänzt mattseidig und ist glattfaserig bis feinflockig. Die Teilhülle, die bei jungen Exemplaren die Lamellen bedeckt, hinterlässt am Stiel einen kräftigen Ring, der zweischichtig aufspaltet, wobei die untere Schicht sternförmige Zacken bildet. Der Stiel ist 6–10 cm lang und endet an der Basis in einer Knolle oder Verdickung. Das Fleisch ist dick und zart. Ähnlich und auch mit Anisgeruch ist der schmächtigere Schiefknollige Anischampignon (S. 111).

Giftige Doppelgänger: Der sehr giftige Kegelhütige Knollenblätterpilz (S. 212) hat bis ins Alter weisse Lamellen und an der Stielbasis eine häutige Scheide sowie einen üblen aasartigen Geruch. Er bevorzugt Nadelwälder. Der unbekömmliche Karbolchampignon (S. 227) gilbt äusserlich auch, hat jedoch jung rosa Lamellen, einen auffallenden Karbolgeruch und eine nach Anschnitt chromgelb verfärbende Stielbasis.

Tips für die Küche: Der Schafegerling ist einer der feinsten Pilze. Sein Anisgeruch wandelt sich beim Schmoren in ein köstliches volles Aroma um. Er verbessert Pilzmischgerichte und eignet sich hervorragend für Einzelgerichte. Haltbarmachung am besten durch Einfrieren oder Einwecken, um das Aroma zu erhalten. Über seinen erhöhten Cadmiumgehalt lesen Sie auf Seite 15.

Glimmerschüppling (Phaeolepiota aurea) **gut**

Den Pilz erkennen: An Waldrändern, in Parkanlagen, unter Gebüsch, selbst in krautigen Gärten, besonders aber unter Brennesseln, erscheint dieser durch Grösse und Farbe auffallende Pilz. So schön löwengelb bis goldbräunlich ist kaum ein anderer erdbewohnender Pilz. Der 6–20 cm gross werdende Hut ist puderig-matt bis glimmerig-kleiig, trocken und derbfleischig. Die Lamellen sind jung blassgelb, dann rostgelb, frei, schmal, dünn und dichtstehend. Sie bleiben lange von der kräftig häutigen, kleiig-körnigen Teilhülle bedeckt, die später einen trichterig aufsteigenden Ring am Stiel hinterlässt. Der Stiel wird 9–15 cm lang. Der ganze Pilz ist von einheitlicher Farbe. Das Fleisch ist blassgelblich und gilbt an den Schnittflächen, es ist fast geruchlos und schmeckt roh probiert mild.

Giftige Doppelgänger: In dieser Grösse und Farbe gibt es keinen ähnlichen Giftpilz. Der ungeniessbare *Ansehnliche Schüppling* (Gymnopilus spectabilis) hat etwa die gleiche Hut- und Stielfarbe, er wächst jedoch an Holzstümpfen oder kranken Bäumen und schmeckt roh probiert sehr bitter.

Tips für die Küche: Dieser Pilz hat ein besonders kräftiges Aroma, wodurch er Pilzmischgerichte sehr verbessert; für Einzelgerichte nicht zu empfehlen, jedoch in kleinen Mengen sehr gut als Würze für Fleischgerichte, Saucen und Suppen. Haltbarmachung durch Einfrieren, Einwecken und Trocknen. Zum Einlegen in Essig und Silieren zu schade. Nicht roh essen.

Leberbrauner Ackerling (Agrocybe erebia) **gut**

Den Pilz erkennen: An Waldrändern, in Parkanlagen, besonders in Humusansammlungen entlang der Wege wächst dieser Pilz in kleinen Gruppen. Der 3–6 cm grosse Hut ist in feuchtem Zustand leberbraun und in trockenem blassbraun bis zimtfarben. Er neigt dazu, sich recht eigenwillig zu verformen, so dass kaum eine Norm für die Hutform abgegeben werden kann. Die bräunlichen Lamellen laufen etwas am Stiel herab. Die Teilhülle, die sie in jungem Zustand bedeckt, hinterlässt am Stiel einen häutigen Ring, der auf der Oberseite genau wie die Stielspitze auffallend gerieft bis gerillt ist. Bei alten Exemplaren fehlt der Ring später. Der Stiel ist blassbraun, jung vollfleischig, im Alter hohl. Das Fleisch ist weisslich, im Stiel bräunlich und besitzt keinen auffallenden Geruch.

Giftige Doppelgänger: Es gibt keinen Giftpilz, der die markant geriefte Stielspitze und den oberseits gerieften Ring besitzt oder sonst auffallend ähnlich wäre.

Tips für die Küche: Der Pilz zeichnet sich nicht durch ein nennenswertes Eigenaroma aus, so dass er eher für Mischgerichte geeignet ist. Soll er ein Einzelgericht ergeben, kann man ihn durch Würze oder Kräuter auf den eigenen Geschmack abstimmen. Haltbarmachung durch Einfrieren, Einwecken, Trocknen, Einlegen in Essig und Silieren. Nicht roh essen.

Rissiger Ackerling (Agrocybe dura) **mässig gut**

Den Pilz erkennen: Dieser Pilz kommt nicht nur auf grasigen Plätzen vor, sondern bricht auch aus nackter, kultivierter Erde hervor. Der weisse, 5–6 (8) cm grosse, weisslich-gelbliche Hut ist jung ziemlich schleimig-klebrig und reisst erst bei Trockenheit und in einem gewissen Alter grobfelderig auf. Die Lamellen sind jung blassgräulich, dann hellporphyrbraun, reif mittel- bis dunkelbraun und zeigen eine weissflockige Schneide, die den Pilz besonders von einem hellen Träuschling (s. «Giftige Doppelgänger») gut abgrenzen lässt. Die Teilhülle, die im Frühstadium die Lamellen bedeckt, hinterlässt beim Aufschirmen am Hutrand zottige Fransen und am Stiel einen schmalen vergänglichen Ring, der auch fehlen kann. Der besonders hohe Stiel ist jung faserig-flockig, später seidig-gefasert. Das Fleisch ist weisslich und derb und schmeckt roh probiert leicht bitter.

Giftige Doppelgänger: Vergleichen Sie den sehr giftigen Kegelhütigen Knollenblätterpilz (S. 212), der bis ins Alter weisse Lamellen, eine häutige Scheide an der Stielbasis und üblen aasartigen Geruch hat. Er bevorzugt Nadelwälder. Der unbekömmliche Karbolchampignon (S. 227) hat rosa bis dunkelbraune Lamellen, Karbolgeruch und eine nach Anschnitt chromgelb verfärbende Stielbasis. Er und auch der nicht essbare *Hyalinweisse Träuschling* (Stropharia albonitens), der dem Rissigen Ackerling besonders ähnlich sieht, können am gleichen Standort wachsen.

Tips für die Küche: Der Pilz eignet sich für Mischgerichte und blanchiert für Salat. Haltbarmachung durch Einfrieren, Einwecken, Trocknen, Einlegen in Essig, Silieren. Nicht roh essen.

Weisser Rasling (Lyophyllum connatum) **gut**

Den Pilz erkennen: Wenn man an Waldwegen entlang, besonders wenn diese mit Kalksteinen von Hausabbruch geschottert sind, gesellig und büschelig wachsende weisse Pilze von ansehnlicher Grösse findet, wird es sich um den weissen Rasling handeln. Sein Hut wird 3–7 cm gross und ist mit einem deckweissartigen Reif überzogen. Er ist selten kreisrund, sondern verbogen und im Alter wellig verformt. Die weisslichen bis cremefarbenen, gedrängten Lamellen laufen leicht am Stiel herab. Dieser ist ebenfalls weiss, seidig-faserig, erst vollfleischig, später fast hohl. Das auffallendste Erkennungsmerkmal des Pilzes ist sein ausgeprägter Geruch, den man als eigenartig süsslich parfümiert bezeichnen kann; der Botaniker sagt, es ist der Duft von Lerchensporn, aber wer weiss schon, wie der riecht. Diesen Geruch muss man sich einprägen, dann wird man den Pilz immer sofort wiedererkennen.

Giftige Doppelgänger: Sehr ähnlich sieht der giftige Laubfreundtrichterling (S. 220) aus, besonders, weil er den gleichen deckweiss- oder firnisartigen Reif auf dem Hut hat. Er wächst jedoch nicht büschelig und so ausgeprägt gesellig, und er besitzt auch nicht den parfümartigen Geruch.

Tips für die Küche: Zum Glück verliert der Pilz den eigenartigen Geruch beim Schmoren. Er ist am besten für Pilzmischgerichte geeignet oder nach Blanchieren für Salat. Haltbarmachung durch Einfrieren, Einwekken, Einlegen in Essig und Silieren. Nicht roh essen.

Kurzstieliger Weichritterling (Melanoleuca brevipes) **gut**

Den Pilz erkennen: Der Pilz ist nicht zu verkennen: der kurze, 2–3(4) cm lange Stiel zu dem grossen, 6–10 cm breiten Hut ist so markant, dass kein anderer Pilz in Betracht gezogen werden kann. Die Farbe des meist verbogenen, eingedrückten Hutes ist grau bis rotbraun, trocken ausblassend bis lederbraun. Der Hutrand greift etwas über die Lamellen über. Diese stehen dicht und sind weisslichcreme. Das weiche Fleisch ist cremefarben bis zartbräunlich, es hat keinen auffälligen Geruch und schmeckt mild-süsslich. Ähnlich, aber mit längerem Stiel und kleinerem Hut, ist der essbare Gemeine Weichritterling (S. 134).

Giftige Doppelgänger: Es gibt keinen ähnlichen gefährlichen Giftpilz. Vergleichen Sie den giftigen Riesenrötling (S. 218) mit lachsrosa Lamellen und üblem Mehl-Drogen-Geruch und langem, nicht kurzem Stiel.

Tips für die Küche: Der unauffällige Geschmack lässt den Pilz besonders für Mischgerichte Verwertung finden. Ein Einzelgericht daraus müsste nach eigenem Geschmack mit saurer Sauce, Würze oder Kräutern verbessert werden. Blanchiert ist er gut für Salat. Haltbarmachung durch Einfrieren, Einwecken, Trocknen, Einlegen in Essig und besonders durch Silieren, wenn man einige dieser grossen Pilze gefunden hat. Nicht roh essen.

Kastanienbrauner Becherling (Peziza badia) interessant

Den Pilz erkennen: Dieser Becherling liebt Wege und Wegränder in Wäldern mit sandiglehmigen Böden. Er bricht direkt aus dem nackten Erdboden hervor. Jung ist er kugelig geschlossen, nach dem Öffnen schüsselförmig, meist unregelmässig verbogen. Die Innenseite der 3–8 cm grossen Fruchtkörper ist dunkelbraun und glatt, die Aussenseite heller und kleiig-geflockt. Manchmal hat der Becherling einen kurzen, stielähnlichen Fortsatz, meist ist er ungestielt und an der Basis nur etwas verschmälert und vom Myzel weissfilzig bis zottig. Bei reifen Pilzen können die Sporen der Becherinnenseite in Wölkchen davonfliegen, wenn man ihn in die warme Hand nimmt. Es gibt ähnliche, heller braune Becherlinge, die alle von gleicher Qualität sind.

Giftige Doppelgänger: Unter den Becherlingen gilt nur der *Kronenbecherling* (Sarcosphaera eximia), Abb. 663 in «700 Pilze», der 5–15 cm gross wird und innen jung lilabräunlich gefärbt ist, als giftig. Nach 5 Minuten langem Kochen und Wegschütten des Kochwassers ist auch er geniessbar.

Tips für die Küche: Alle Becherlinge sind zum Schmoren nicht empfehlenswert. Nach kurzem Abkochen sind sie elastisch und haben ihre Brüchigkeit verloren, dann eignen sie sich sehr für einen gut gewürzten Salat. Auch in eine chinesische Sauce können ein paar Becherlinge eingelegt werden. Haltbarmachung durch Blanchieren und Einfrieren oder Einwecken und Einlegen in Essig. Nicht roh essen.

Trichterförmiger Muscheling (Hohenbuehelia petaloides) **gut**

Den Pilz erkennen: Der Pilz liebt besonders mit Erde vermischte Holzabfälle, wo er in dichten Knäueln verwachsen auftreten kann. Dann sieht er von oben wie eine unförmig gelappte, verbogen-verwachsene Masse aus, aber nach dem Herausnehmen einzelner Fruchtkörper wird man die Ähnlichkeit mit den fotografierten Exemplaren feststellen. Die Oberseite ist bräunlichgelb mit hellerem Rand, matt und glatt, die Aussenseite zeigt weissliche, dichtstehende Lamellen, die bis zur Stielbasis herablaufen. Die Form des Pilzes kann immer wieder anders sein: spatelförmig, muschelförmig, schmaler oder breiter aufgeklappt, immer ist die Mitte vertieft und der Rand etwas nach aussen gebogen. Das Fleisch ist weisslich und besitzt einen kräftigen Mehlgeruch, es schmeckt mild bis leicht bitterlich.

Giftige Doppelgänger: Es gibt keinen ähnlichen Giftpilz. Der als nicht essbar angegebene etwas ähnlich gefärbte *Muschelkrempling* (Paxillus panuoides), Abb. 78 in «700 Pilze», hat eine flockig-filzige, hellere Oberseite und gelbliche bis zimtfarbene Lamellen. Er besitzt keinen Mehlgeruch.

Tips für die Küche: Der Trichterförmige Muscheling hat ein gutes Aroma und eignet sich für Einzel- wie für Mischgerichte. Man nimmt nur die Teile, die sich leicht mit dem Messer schneiden lassen. Zähere Reste können getrocknet und zu köstlicher Flüssigwürze S. 240 weiterverwendet werden. Auch Einfrieren und Einwekken möglich. Zum Einlegen in Essig und Silieren zu schade. Nicht roh essen.

Seidiger Dachpilz (Pluteus petasatus) **gut**

Den Pilz erkennen: Auf Holzabfällen, zwischen denen sich etwas Humus gebildet hat, kann dieser ergiebige, in grösseren Gruppen büschelig verwachsene Pilz auftreten. Der Hut ist meist 8–12 cm gross, weiss, nur am Scheitel bräunlich-schuppig geflockt. Der Hutrand neigt zum rissigen Aufspalten. An den Lamellen erkennt man die Gattung Dachpilz: sie sind frei, jung weisslich, im Alter rosa, das Sporenpulver ist rosa. Ähnlich mit freien rosa Lamellen ist der essbare Ansehnliche Scheidling (S. 62), der an der Stielbasis jedoch eine häutige Scheide aufweist. Es gibt auch weitere weissliche Dachpilze, unter denen kein giftiger bekannt ist.

Giftige Doppelgänger: Man vergleiche den sehr giftigen Kegelhütigen Knollenblätterpilz (S. 212), der immer weisse Lamellen und eine Scheide an der Stielbasis hat und aasartig riecht. Der nicht bekömmliche Karbolchampignon (S. 227) hat im Alter dunkelbraune Lamellen, den markanten Karbolgeruch und eine nach Anschnitt chromgelb verfärbende Stielbasis.

Tips für die Küche: Die reichen Funde des Seidigen Dachpilzes können in grösserer Menge Mischgerichten beigegeben werden. Je nach Geschmack kann man auch Einzelgerichte daraus bereiten. Haltbarmachung durch Einfrieren, Einwecken, Trocknen, Einlegen in Essig und Silieren. Nicht roh essen.

Sommersteinpilz, Eichensteinpilz (Boletus aestivalis) **sehr gut**

Den Pilz erkennen: Sein Name täuscht ein wenig, denn er kommt weniger im Sommer als vielmehr im Herbst vor. Wer seinen Standort kennt, kann natürlich auch in den Sommermonaten nach ihm suchen, wird aber nur Glück haben, wenn er in einem besonders wärmebegünstigten Gebiet wohnt. Der Hut ist meist 10–20 cm gross, blassbräunlich bis hellnussbraun, matt, feucht etwas schmierig. Die Röhren sind jung gelblich, im Alter gelbgrün. Der Stiel ist ähnlich wie der Hut gefärbt und zeigt eine erhabene, feine Netzzeichnung, er ist vollfleischig. Das Fleisch ist weisslich und schmeckt nussartig. Es gibt ähnliche essbare Röhrlinge. Einige weitere Steinpilzarten sind auf den Seiten 93, 95 und 147 abgebildet. Alle sind essbar und von gleicher Qualität.

Giftige Doppelgänger: Unter den Röhrlingen gibt es keinen gefährlichen Giftpilz. Farblich könnte eine Verwechslung, besonders bei jungen Exemplaren, mit dem Gallenröhrling (S. 229) möglich sein, der roh probiert sehr bitter schmeckt.

Tips für die Küche: Pilze in mittlerem Alter eignen sich für ein Mischgericht, aus jungen festen Pilzen kann auch ein schmackhaftes Einzelgericht bereitet werden. Findet man nur ein oder zwei Pilze, ergeben diese eine gute Einlage in Fleischgerichte, Saucen und Suppen. Röhrlinge werden gern etwas schleimig, weshalb man sie weniger für Pilztorte gebrauchen kann. Haltbarmachung durch Einfrieren, ganz junge durch Einwecken, Trocknen. Zum Einlegen in Essig und Silieren viel zu schade.

Gelbporiger Rauhfussröhrling (Leccinum crocipodium) gut

Den Pilz erkennen: Besonders bei Eichen und Rotbuchen kann dieser nicht sehr häufige Pilz erscheinen. Seine Hutgrösse variiert stark zwischen 5 und 15(20) cm Ø. Er ist gelblich bis bräunlich, matt, manchmal felderig-rissig. Die Röhren sind jung zitronengelb, dann graugelblich, alt olivbräunlich, sie haben kleine Mündungen. Der Stiel ist 5–20 cm lang, gelblich, längsrillig-rauh, oft tief in Humus und Laub steckend und etwas klebrig. Das gelbliche Fleisch rötet nach dem Durchschneiden, besonders wenn man mit dem Finger darauf reibt, anschliessend wird es dunkel bis schwarz. Der Geschmack ist mild und angenehm. Eine Verwechslung mit ähnlichen Röhrlingen wäre ungefährlich.

Giftige Doppelgänger: Es gibt keinen ähnlichen giftigen Röhrling. Bei den leuchtend gelben Röhren ist auch kaum eine Verwechslung mit dem bitteren Gallenröhrling (S. 229) möglich. Der ungeniessbare Schönfussröhrling (S. 228) hat bei gelben Röhren einen schönen roten Stiel.

Tips für die Küche: Der Pilz ist für Mischgerichte geeignet oder als Beigabe zu Fleischspeisen, Saucen und Suppen, nach Geschmack auch für Einzelgerichte. Haltbarmachung durch Einfrieren, Einwecken und Trocknen. Zum Einlegen in Essig und Silieren zu schade. Nicht roh essen.

Isabellrötlicher Schneckling (Hygrophorus poetarum) **sehr gut**

Den Pilz erkennen: Grosser kräftiger Pilz, der entweder gebietsweise selten ist oder dort, wo er wächst, gleich in Massen erscheinen kann. Er bevorzugt Buchenbestand auf besseren Böden. Sein Hut wird 5–20 cm gross, ist creme-fleischrosa gefärbt, besonders der Scheitel zeigt etwas mehr Farbe. Junge Exemplare sind flach-kegelhütig, ein zentraler Buckel bleibt auch nach dem Aufschirmen erhalten. Der Hutrand ist recht lange nach unten eingebogen. Die Lamellen sind angewachsen bis leicht herablaufend, weisslich, dicklich, ziemlich weitstehend. Der 10–12 cm lange Stiel ist weisslich-gelblich gefasert mit weissmehliger Spitze, die Basis ist zugespitzt. Das Fleisch ist weiss und kompakt, der Geruch unbedeutend, der Geschmack mild.

Giftige Doppelgänger: Vergleichen Sie den sehr giftigen Kegelhütigen Knollenblätterpilz (S. 212), der eine Scheide an der Stielbasis aufweist und einen üblen aasartigen Geruch hat. Sein Standort ist der Nadelwald. Der ähnlich gefärbte, nicht essbare *Orangeschneckling* (Hygrophorus pudorinus), Abb. 95 in «700 Pilze», wächst nur im Nadelwald auf Kalk und hat einen starken Terpentingeruch und -geschmack.

Tips für die Küche: Ausgezeichneter Pilz für Pilzmischgerichte wie auch für Einzelgerichte. Dank seinem trockenen Fleisch ist er besonders für Pilztorte geeignet, nach Blanchieren auch für Salat. Haltbarmachung durch Einfrieren, Einwecken, Trocknen, Einlegen in Essig. Bei Massenfunden ist Silieren zu empfehlen. Nicht roh essen.

Saitenstieliger Knoblauchschwindling (Marasmius alliaceus) Würzpilz

Den Pilz erkennen: Der Pilz bevorzugt in der Erde vermodernde Ästchen der Rotbuche. Sein Hut ist 2–4 cm gross, von bräunlicher bis milchweisslicher Farbe. Jung ist er schwach kegelig bis halbkugelig, später flach mit leicht kegeligem Buckel. Die breiten Lamellen sind schmutzigweiss bis beige-fleischfarben. Der 8–10 cm lange, starre Stiel ist schwarz und steckt mit einem wurzelähnlichen, faserig-zottigen Fortsatz tief in der Erde. Besonders auffallend an diesem Pilz ist der starke Knoblauchgeruch. Der kleinere Knoblauchschwindling (S. 36) ist etwas ähnlich.

Giftige Doppelgänger: Es gibt keinen gefährlichen Giftpilz mit dem starken Knoblauchgeruch. Der viel kleinere, jedoch eher nach Knoblauch stinkende *Nadelschwindling* (Micromphale perforans). Abb. 218 in «700 Pilze», wächst auf Fichtennadeln und umfasst mit der Stielbasis jeweils eine Nadel. Ein weiterer ähnlicher, nach Knoblauch riechender Pilz ist der *Grosse Knoblauchschwindling* (Marasmius prasiosmus), Abb. 226 in «700 Pilze», der direkt auf Eichenblättern wächst, mit braunem, an der Spitze hellerem Stiel. Beide Pilze sind in grösseren Mengen unbekömmlich.

Tips für die Küche: Es handelt sich um einen reinen Würzpilz, der nur in kleinen Mengen verwendet wird. Einem Mischgericht von etwa einem Kilo Pilze können zwei Hütchen, feingehackt, beigegeben werden. Oder die gleiche Menge einem Gulasch aus einem Kilo Fleisch. Frisch sind die Pilze am aromareichsten, sie bleiben aber nach dem Trocknen nicht so gut wie der Knoblauchschwindling (S. 36). Einfrieren erhält den Geschmack am besten. Nicht roh essen.

Frauentäubling, Violettgrüner Täubling, Blautäuberl **sehr gut**
(Russula cyanoxantha)

Den Pilz erkennen: Als zur Gattung Täubling gehörend erkennt man den Pilz an dem glatten Bruch des Stieles, dessen Fleisch nicht ausfasert, sondern bröklig wegbricht. Als Ausnahme unter den Täublingen sind die weissen Lamellen beim Frauentäubling elastisch, wenn man mit dem Finger darüber streicht; bei anderen Täublingsarten splittern sie spröde ab. Die Farbe des meist 6–10 cm grossen Hutes kann stark variieren in einer Mischung aus Lila- und Grüntönen. Es sind auch Formen in Bräunlich, Gelblich, Grünlich und Taubenblau möglich, je nach Standort des Pilzes und seinen Begleitbäumen. Das Fleisch ist weiss, brüchig und mürbe und nur unter der Huthaut violettlich getönt. Der Geschmack ist mild.

Giftige Doppelgänger: Es gibt keinen ähnlichen Giftpilz. Andere Täublinge können im Zweifelsfall roh probiert werden: milde sind essbar, scharfe und brennende ungeniessbar.

Tips für die Küche: Der Frauentäubling ist besonders gut und beliebt. Er eignet sich für Mischgerichte, aber hervorragend auch für Einzelgerichte und wegen seines trockenen Fleisches für Pilztorte. Haltbarmachung durch Einfrieren und Einwecken. Zum Trocknen, Einlegen in Essig und Silieren zu schade.

Eichhase (Grifola umbellata) **gut**

Den Pilz erkennen: Dieser Pilz, der verhältnismässig selten ist, gebietsweise aber auch in vielen Exemplaren auftritt, ist an vermoderndes Holz des Laubwaldes gebunden. Häufig erscheint er an Stümpfen von Eichen oder auch Rotbuchen. Aus einem Strunk zweigen viele fleischige Ästchen ab, die sich wiederum teilen, und jedes trägt ein flaches, 2–5 cm grosses Hütchen mit vertiefter Mitte. Diese sind von gelbbrauner Farbe und feinfilzig-schuppig. Der Rand ist dünn und ungleich wellig verbogen. Die Unterseite besteht aus einer weisslichen Porenschicht, die an den gleichfarbigen Ästchen herabläuft. Das Fleisch ist jung weich und zart, später derb und zäh, es schmeckt mild, manchmal etwas herb. Ähnliche Pilzfruchtkörper, die grössere oder etwas anders geformte Hütchen tragen, nämlich die des *Klapperschwammes* (Grifola frondosa), sind jung ebenfalls essbar.

Giftige Doppelgänger: Es gibt keinen gefährlichen Giftpilz, der mit dem Eichhasen Ähnlichkeit hat. Der ungeniessbare *Riesenporling* (Meripilus giganteus), Abb. 614 in «700 Pilze», hat 6–20 cm grosse, ungestielte Teilstücke und schwärzt, wenn man ihn drückt oder verletzt. Sein Fleisch schmeckt säuerlich-bitter.

Tips für die Küche: Nur junge Fruchtkörper sind geniessbar, alte schmecken nicht mehr. Alle Pilzteile, die sich leicht schneiden lassen, sind zart genug für Misch- oder auch Einzelgerichte, die zäheren Strunkteile können getrocknet werden. Haltbarmachung durch Einfrieren, Einwecken, Trocknen. Zum Einlegen in Essig und Silieren zu schade. Nicht roh essen.

Herbstlorchel (Helvella crispa) **interessant**

Den Pilz erkennen: Zwischen Laub und an anderen humosen Stellen im Hochwald und auch im Unterholz wächst die Herbstlorchel meist in grösseren Gruppen. Man wird nur ein paar Hütchen davon mitnehmen, um bei Gelegenheit ein Gericht damit zu bereichern. Der Pilz wird etwa 10 cm hoch und trägt auf seinem weisslichen, röhrigen, längsfurchig-grubigen Stiel ein lappiges Hutgebilde. Jeder Hut ist eigenwillig gebogen und verformt. Die Oberseite ist ockergelblich, matt und glatt, die Unterseite bräunlich. Die Hutlappen sind wachsartig-brüchig, ähnlich den Becherlingen. Von gleicher Form, jedoch mit schwärzlichgraubraun gefärbten Hutlappen und ebenfalls dunklem Stiel, ist die essbare *Grubenlorchel* (Helvella lacunosa), Abb. 646 in «700 Pilze».

Giftige Doppelgänger: Es gibt keinen ähnlichen Giftpilz. Einige entfernt ähnlich aussehende Pilze mit dünnem, glattem Stiel wären nur minderwertig, jedoch nicht schädlich.

Tips für die Küche: Man verwendet nur die Hüte mit einem kleinen Stück (2–3 cm) des Stiels, der Rest ist zäh, kann aber getrocknet werden. Die Herbstlorchel kann zwar in einem Pilzmischgericht nicht schaden, gibt aber auch kein Aroma. Man benutzt sie nach Blanchieren vielmehr für einen Salat oder gibt ein paar Hütchen in eine chinesische Sauce. Haltbarmachung durch Einfrieren, Einwecken, Trocknen, Einlegen in Essig. Nicht roh essen.

Espenrotkappe (Leccinum aurantiacum) **sehr gut**

Den Pilz erkennen: Den Pilz erkennt man als Rotkappe an seinem orangeroten bis orangebraunen Hut. Die Espenrotkappe kann man von den weiteren Rotkappen zunächst durch ihren Standort immer bei Zitterpappeln, auch Espen genannt, unterscheiden, aber auch durch die am Hutrand weit auf die Röhrenschicht übergreifende Huthaut. Der 5–15 cm grosse Hut ist matt, jung halbkugelig, später polsterförmig ausgebreitet. Die jung weisslichen, im Alter gelblichgrauen Röhren sind um den Stiel herum ausgebuchtet und quellen zum Schluss unter dem Hut hervor. Der weisslich-gelbliche Stiel ist jung mit gleichfarbigen Schüppchen bedeckt, die sich später rötlich-bräunlich verfärben. Das Fleisch läuft nach Anschnitt etwas lila an und wird dann schwarz. Ähnlich ist die Rotkappe (S. 88) mit weissgrundigem Stiel und schwarzen Schüppchen unter Birken, aber auch die mehr braunrote *Föhrenrotkappe* (Leccinum vulpinum) Abb. 64 in «700 Pilze», und die *Eichenrotkappe* (Leccinum quercinum), Abb. 65 in «700 Pilze», die alle essbar und von gleicher Qualität sind.

Giftige Doppelgänger: Keine.

Tips für die Küche: Die schwärzliche Verfärbung des Pilzfleisches geht beim Kochen nicht zurück. Der Pilz schmeckt aber so ausgezeichnet, dass man sich daran nicht stossen sollte. Er ist für Mischgerichte, jung aber auch für Einzelgerichte geeignet. Haltbarmachung durch Einfrieren, Einwecken, Trocknen. Zum Einlegen in Essig und Silieren zu schade. Nicht roh essen.

Hainbuchenröhrling (Leccinum griseum) **sehr gut**

Den Pilz erkennen: In Parkanlagen und Wäldern, wo Hainbuchen stehen, wird auch immer der sie begleitende Hainbuchenröhrling auftreten. Er hat etwas Ähnlichkeit mit dem bekannteren Birkenröhrling (S. 87), ist aber dunkler in der Hutfarbe und härter im Fleisch, ausserdem verfärbt das Pilzfleisch nach Anschnitt grauviolettlich bis schwärzlich. Der Hut kann bis 12 cm gross werden, ist jung karamelfarben und runzelig-grubig, mit zunehmendem Alter wird er dunkler und neigt zum felderigen Aufreissen der Huthaut. Die Röhren sind um den Stiel herum ausgebuchtet, von schmutzig-weisslicher, später grauoliver Farbe. Der festfleischige, volle Stiel zeigt auf hellem Grund schwarzbräunliche Schuppen. An anderen Standorten gibt es ähnliche Röhrlinge, die alle essbar und von gleicher Qualität sind.

Giftige Doppelgänger: Es gibt keinen ähnlichen Giftpilz. Man vergleiche den bitteren Gallenröhrling (S. 229).

Tips für die Küche: Der schmackhafte Pilz ist für Mischgerichte geeignet, junge Exemplare auch für Einzelgerichte und als Einlage in Fleischspeisen, Saucen und Suppen. Haltbarmachung durch Einfrieren, Einwecken, Trocknen. Zum Einlegen in Essig und Silieren zu schade. Nicht roh essen.

Erlengrübling (Gyrodon lividus) **gut**

Den Pilz erkennen: Diesen Pilz erkennt man am besten, wenn man auf den meist feuchten Standort unter Erlen achtet. Zur gleichen Zeit kann er vom *Erlenkrempling* (Paxillus filamentosus), Abb. 77 in «700 Pilze», begleitet sein, dessen Essbarkeit in Frage steht, seit der Kahle Krempling (S. 225) als Giftpilz deklariert wurde. Der Hut des Erlengrüblings ist üblicherweise 5–7 cm gross, gelblichbraun, feucht etwas schmierig, trocken matt und feinfilzig. Die Unterseite ist mit sehr kurzen gelben Röhren besetzt, die ihn als Röhrenpilz kaum erkennen lassen. Sie laufen weit am Stiel herab, der gelblich-bräunlich, längsfasrig und an der Basis verjüngt ist. Das Fleisch ist blassgelb und läuft nach Anschnitt bläulich, ins Bräunliche übergehend an. Es schmeckt etwas säuerlich-herb.

Giftige Doppelgänger: Es gibt keinen ähnlichen Giftpilz. Entfernt ähnliche Porlinge wachsen auf Holz und haben neben anderen Unterscheidungsmerkmalen eine weisse Unterseite und zähes, nicht essbares Fleisch.

Tips für die Küche: Da der Pilz manchmal in grossen Mengen an seinem Standort auftritt, ist er für die Küche nicht zu verachten, auch wenn er kein so hervorragendes Aroma hat. Als Füllpilz für Mischgerichte ist er gut geeignet. Ist ein Einzelgericht beabsichtigt, wird man es nach eigenem Geschmack mit saurer Sauce zubereiten oder mit Würze oder Kräutern abschmekken. Haltbarmachung durch Einwecken, Einfrieren, Trocknen, Einlegen in Essig und Silieren. Nicht roh essen.

Birkenröhrling, Birkenpilz, Kapuziner, Geisspilz (Leccinum scabrum) **gut**

Den Pilz erkennen: Die Pilzbotaniker nehmen es mit dieser Art sehr ernst und kreisen den Pilz so ein, dass er nur noch an trockenem Standort unter Birken vorkommen darf. Früher stand er auch in feuchtem Gelände. Wenn Sie ihn also einmal dort finden, dann ist er es entweder, oder es ist ein anderer der vielen ähnlichen Rauhfüsse, zu denen der Birkenröhrling gehört. Alle sind essbar und gut. Der Birkenröhrling hat bis zu 12 cm Hutgrösse, nur jung ist er fest und bald schwammig-weich. Die Farbe variiert zwischen Gelbbraun und Graubraun. Die Röhren sind weisslich-graulich und manchmal rostfleckig. Der weissgrundige Stiel weist von Anfang an schwärzliche Schüppchen auf. Das weisse Fleisch verfärbt nicht graulila oder grünblau wie bei ähnlichen essbaren Arten.

Giftige Doppelgänger: Es gibt keinen ähnlichen Giftpilz. Vergleichen Sie den bitteren Gallenröhrling (S. 229).

Tips für die Küche: Von diesem Pilz kommen nur jüngere und noch einigermassen festfleischige Exemplare zur Verwertung. Sie eignen sich für Pilzmischgerichte, ganz junge auch für Einzelgerichte. Haltbarmachung durch Einfrieren, Einwecken, Trocknen. Zum Einlegen in Essig und Silieren zu schade. Nicht roh essen.

Rotkappe, Rothäuptchen, Schwarzschuppiger Birkenröhrling **sehr gut**
(Leccinum testaceoscabrum)

Den Pilz erkennen: Mit ihrem orangeroten Hut ist die langstielige Rotkappe selbst im hohen Gras unter den Birken nicht zu übersehen. Wo eine steht, muss man auch nach jüngeren Ausschau halten, denn sie kommt immer recht gesellig vor. Der Hut wird bis 12 (15) cm gross und ist mattfilzig, die Huthaut lässt sich nicht abziehen und greift am Rand etwas auf die Röhren über. Diese sind bei ganz jungen Exemplaren dunkelgrau, später graulich bis schmutzig-weisslich. Der bis 15 (20) cm lange, weissgrundige Stiel ist mit schwärzlichen Schuppen besetzt. Das weisse Fleisch färbt sich nach Anschnitt grauviolettlich oder weinrötlich, es ist fest und derb. Ähnliche Rotkappen an anderen Standorten und mit unterschiedlichen Begleitbäumen sind ebenfalls essbar und von gleicher Qualität.

Giftige Doppelgänger: Es gibt keinen ähnlichen Giftpilz.

Tips für die Küche: Aufgeschirmte Pilze eignen sich für Mischgerichte, ganz junge und festfleischige auch für Einzelgerichte. Die Dunkelverfärbung nach dem Schmoren hat keinen Einfluss auf das gute Aroma. Haltbarmachung durch Einfrieren, Einwecken, Trocknen. Zum Einlegen in Essig und Silieren zu schade. Nicht roh essen.

Gelbgestiefelter Schleimkopf (Cortinarius triumphans) **gut**

Den Pilz erkennen: Nur bei ganz jungen, noch geschlossenen Exemplaren ist die Eingliederung in die Gattung Haarschleierling leicht, weil diese noch den zarten, vom Hutrand zum Stiel gespannten Schleier besitzen. Später reisst dieser auf und hinterlässt am Hutrand einen feinfädigen Behang und am Stiel eine ringähnliche Zone, in der sich der gelbbraune Sporenstaub verfängt. Der Hut ist meist 5–8 cm gross, feucht schmierig-klebrig, trocken matt oder etwas glänzend. Die ausgebuchtet angewachsenen Lamellen sind cremeocker, dicklich und weitstehend. Der Stiel zeigt die gleiche Tönung wie der Hut und ist mit gelbbraunen Velumbändern wie gestiefelt. Das weissliche Fleisch hat keinen nennenswerten Geruch. Am gleichen Standort kann ein ähnlicher Pilz erscheinen, mit glattem, weisslichem Stiel, *Cortinarius crocolitum,* der in der Qualität etwas minderer ist. Im Bergfichtenwald gibt es den ähnlichen, essbaren *Geschmückten Schleimkopf* (Cortinarius subvalidus), Abb. 424 in «700 Pilze».

Giftige Doppelgänger: Man vergleiche den sehr giftigen Orangefuchsigen Hautkopf (S. 213), der kleiner und anders gefärbt ist und einen anderen Standort hat. Im sauren Nadelwald gibt es noch den etwas ähnlichen *Löwengelben Haarschleierling* (Cortinarius limonius), Abb. 414 und 415 in «700 Pilze», der giftverdächtig ist.

Tips für die Küche: Nur für Mischgerichte geeignet oder nach Blanchieren mit würziger Marinade als Salat. Haltbarmachung durch Einfrieren, Einwecken, Trocknen, Einlegen in Essig und Silieren. Nicht roh essen.

Grubiger Schleimrübling (Oudemansiella radicata) mässig gut

Den Pilz erkennen: Der Pilz wächst an vermodernden Laubholzstümpfen. Sein hellbrauner, 5–10 cm grosser Hut ist grubig und schleimig, was zu seinem volkstümlichen Namen geführt hat. Der botanische Name bezieht sich jedoch auf den oft tief im Holz wurzelnden Stiel, womit die typischsten Merkmale des Pilzes bereits angegeben sind. Die weisslichen Lamellen sind angewachsen oder mit Zähnchen herablaufend, dicklich und entferntstehend. Der aufrechte lange Stiel wird bis 20 cm hoch und zeigt etwas Hutfarbe. Das dünne weisse Fleisch schmeckt mild. Lassen Sie sich nicht täuschen, wenn Sie den Pilz auch einmal in rein weisser Farbe finden; wie bei vielen anderen Arten gibt es auch von ihm eine weisse Form.

Giftige Doppelgänger: Dieser Pilz mit seinem typischen Aussehen und Standort auf Holz hat keinen giftigen Doppelgänger. Ein Pilz von gleicher Gestalt, jedoch mit braunem, samtig-borstigem Hut und samtig-behaartem Stiel ist der wegen seines bitteren Geschmacks ungeniessbare *Samtige Wurzelrübling* (Oudemansiella longipes), Abb. 221 in «700 Pilze»; er bevorzugt Nadelwald auf Kalk.

Tips für die Küche: Junge, fleischige Hütchen wird man dann mitnehmen, wenn man noch etwas Füllmaterial für ein Mischgericht braucht. Nach Blanchieren kann auch ein Salat daraus bereitet werden. Für Frischpilzgerichte werden nur die Hüte verarbeitet. Die Stiele sind zäh, können aber getrocknet und dann für köstliche Flüssigwürze (S. 240) verwendet werden. Haltbarmachung durch Einfrieren oder Einwecken im Mischgericht, Trocknen, Einlegen in Essig. Nicht roh essen.

Behangener Faserling (Psathyrella candolleana) **gut**

Den Pilz erkennen: Es handelt sich um einen sehr zarten, brüchigen Pilz. Hut und Stiel sind so mürbe, dass sie schon beim unvorsichtigen Abpflücken zerbrechen. Er wächst sehr gesellig und in dichten Büscheln und Gruppen um Laubholzstümpfe oder über im Erdboden vermoderndem Laubholz. Jung ist der Hut fast eiförmig geschlossen, nach dem Aufschirmen behält er lange einen stumpfen Buckel, bis er bei Trockenheit oder im Alter vom Rand her aufspaltet. Er kann von Wasser durchfeuchtet sein und hat dann eine dunklere Farbe, etwa honiggelb, trocken ist er fast weisslich mit etwas dunklerem Scheitel. Der Hutdurchmesser beträgt 3–5 cm. Am Hutrand bleiben zarte Faserflöckchen lange erhalten, der «Behang», nach welchem der Pilz seinen Namen bekam. Die schmalen, dichtstehenden Lamellen sind jung weiss und nehmen dann eine zartlila Tönung an; im Alter werden sie dunkelbraun. Der Stiel ist röhrig-hohl. Das zarte Fleisch schmeckt mild.

Giftige Doppelgänger: Es gibt keinen ähnlichen gefährlichen Giftpilz.

Tips für die Küche: Der Pilz ist nur dann für die Küche interessant, wenn er in grösseren Gruppen und mit vielen jungen Exemplaren vorkommt. Er hat ein gutes Aroma und ist für Pilzmisch-, aber auch Einzelgerichte geeignet. Haltbarmachung durch Einfrieren, Einwekken, Trocknen. Nicht roh essen.

Stockschwämmchen, Stockschüppling (Kuehneromyces mutabilis) **sehr gut**

Den Pilz erkennen: Das Stockschwämmchen wächst auch in trockener, pilzarmer Zeit an Baumstümpfen, die durch ihre langen Wurzeln noch mit Feuchtigkeit aus der Tiefe versorgt werden. Der Pilz bevorzugt Laubholz, kann aber ausnahmsweise auch an Fichten vorkommen. Der durchwässerte, gelblichbräunliche Hut, der am Rande die Feuchtigkeit am längsten hält, lässt ihn von oben erkennen. Da aber sein giftiger Doppelgänger ähnlich aussehen kann, achte man besonders auf den Stiel, der beim Stockschwämmchen einen mehr oder weniger stark ausgeprägten häutigen Ring zeigt; darüber ist er blass, glatt oder feingerieft, darunter dunkelrostbraun-geschuppt. Die dichtstehenden, etwas am Stiel herablaufenden Lamellen sind jung cremebräunlich, später rostbraun. Das Fleisch ist cremegelblich, im Stiel rostbraun, zur Basis dunkler. Es riecht nach frischgesägtem Holz und schmeckt mild.

Giftige Doppelgänger: Sehr ähnlich ist der giftige Nadelholzschüppling (S. 222), der jedoch einen glatten Stiel hat und nur an Nadelholz wächst. Weitere Schüpplinge und Schwefelköpfe, die roh probiert bitter schmecken, sind ungeniessbar.

Tips für die Küche: Für Frischgerichte werden nur die Hüte genommen, die Stiele ergeben ausgekocht eine gute Pilzbrühe oder können getrocknet und zu köstlicher Flüssigwürze (S. 240) weiterverarbeitet werden. Ein paar Pilze, frisch oder getrocknet, würzen ein Mischgericht auf und dienen zur Verfeinerung von Fleischspeisen, Saucen und Suppen. Probieren Sie einmal eine Suppe aus frischen Stockschwämmchen mit Sauerrahm und Ei legiert. Haltbarmachung durch Einfrieren, Einwecken, Trocknen. Zum Einlegen in Essig und Silieren zu schade. Nicht roh essen.

Anhängselröhrling, Gelber Steinpilz (Boletus appendiculatus) **sehr gut**

Den Pilz erkennen: Diesen grossen gelbfleischigen Röhrling findet man in vielen Exemplaren im reinen Buchenwald, einzeln auch im Nadelwald mit eingestreuten Buchen. Er gehört zu den selteneren Arten. Der gelbbraune, matte, dickfleischige Hut wird bis 15 cm gross und zeigt jung einen nach innen eingebogenen Rand. Die Röhren sind von Anfang an gelb und werden erst im Alter grünlichgelb bis bräunlich, auf Druck verfärben sie grünlich. Der jung dickfleischige Stiel streckt sich später und kann bis 12 (15) cm lang werden. Besonders an der Stielspitze ist er von einem erhabenen feinen gelben Netz bekleidet; die wurzelnde Stielbasis ist mit weissem Myzel und anhaftenden Humusteilchen verwachsen. Das mildschmeckende feste Fleisch ist weisslich-gelblich, zur Stielbasis leicht bräunlich, manchmal verfärbt es sich nach Anschnitt bläulich.

Giftige Doppelgänger: Es gibt keinen ähnlichen Giftpilz. Beachten Sie den bitteren Gallenröhrling (S. 229). Der ebenfalls wegen seiner Bitterkeit nicht geniessbare *Wurzelnde Bitterröhrling* (Boletus radicans), Abb. 54 in «700 Pilze», mit gelben Röhren, aber stärker blauendem Fleisch ist, roh probiert, durch seinen bitteren Geschmack sofort zu erkennen.

Tips für die Küche: Als sehr guter Speisepilz eignet er sich für Misch-, aber auch für Einzelgerichte. Einzelne Pilze verfeinern Fleischspeisen, Saucen und Suppen. Haltbarmachung durch Einfrieren, Einwecken, Trocknen. Zum Einlegen in Essig und Silieren zu schade. Nicht roh essen.

Eichenglucke (Sparassis laminosa) **sehr gut**

Den Pilz erkennen: Die Krause Glucke (S. 156), die nur bei Kiefern wächst, ist vielen Sammlern bekannt. Manche haben die Eichenglucke auch schon gefunden und keinen Unterschied gesehen. Andere merken ihn und halten sie deshalb für einen verdächtigen Doppelgänger. Die Eichenglucke wächst nicht nur bei Eichen, sondern auch im Fichtenwald. Der 20 bis 40 cm grosse Fruchtkörper entwickelt sich aus einem Strunk und verteilt sich in viele flachgedrückte Abzweigungen, deren Spitzen wellig verformt und ungleich gerundet sind. Die Farbe ist graugelblich bis karamel-beige. Das Fleisch der blättrigen Spitzen ist wachsartig dünn, fest und etwas elastisch, das des Strunkes ist weisslich und dicker. Ältere Pilze riechen leicht seifig. Durch ihre weitblättrige Beschaffenheit hat die Eichenglucke Ähnlichkeit mit dem *Spatelhütigen Büschelporling* (Grifola intybacea), der jung ebenfalls essbar ist und auch bei Eichen steht.

Giftige Doppelgänger: Es gibt keinen ähnlichen Giftpilz. Beachten Sie die unbekömmliche Bauchwehkoralle (S. 224), die ästig verzweigt ist und spitzige Enden hat.

Tips für die Küche: Nur junge Fruchtkörper verwerten, alte, die bereits bräunlich und angetrocknet sind, rufen Magen- und Darmbeschwerden hervor. Beginnen gerade die äussersten Spitzen bräunlich zu werden, kann man diese abschneiden und die restlichen frischen Teile zu einem Pilzmischgericht geben. Aus jungen Pilzen können auch Einzelgerichte sowie eine feine Cremesuppe bereitet werden. Haltbarmachung durch Einfrieren und Einwecken. Trocknen ist besonders anzuraten. Zum Einlegen in Essig und Silieren zu schade. Nicht roh essen.

Steinpilz, Herrenpilz, Braunkopp, Dobernigel (Boletus edulis) sehr gut

Den Pilz erkennen: Es gibt mehrere Steinpilzarten: den Kiefernsteinpilz (S. 147), den Sommersteinpilz (S. 77), den wärmeliebenden *Schwarzhütigen Steinpilz* (Boletus aereus), Abb. 57 in «700 Pilze», und den sehr seltenen *Birkensteinpilz* (Boletus betulicolus), Abb. 61 in «700 Pilze», die alle essbar und gut sind. Der hier abgebildete ist der bekannteste und verbreitetste. Seine Hutfarbe variiert von hell- bis dunkelbraun. Ganz jung ist der Hut kugelig bis halbkugelig geschlossen, später dick polsterförmig aufgeschirmt, feucht etwas schmierig, sonst matt, leicht runzelig-grubig. Er wird 12–20 cm gross. Die anfänglich weisslichen Röhren färben sich bald gelb und im Alter olivlich. Der anfangs bauchige Stiel streckt sich und wird bis 15 cm lang. Er trägt als besonderes Erkennungsmerkmal eine feine helle Netzzeichnung an der Spitze, besonders deutlich bei jungen Exemplaren. Das weisse Fleisch ist jung fest, im Alter feucht und schwammig.

Giftige Doppelgänger: Es gibt keinen ähnlichen Giftpilz. Der wegen seiner Bitterkeit ungeniessbare Gallenröhrling (S. 229) ist roh probiert sofort zu erkennen.

Tips für die Küche: Mittlere Exemplare bereichern ein Pilzmischgericht, von jungen lassen sich aber auch schmackhafte Einzelgerichte bereiten. Einzelpilze verfeinern Fleischspeisen, Saucen und Suppen. Haltbarmachung durch Einfrieren, Einwecken, Trocknen. Zum Einlegen in Essig und Silieren zu schade. Der Steinpilz ist einer der ganz wenigen Pilze, die in kleinen Mengen roh gegessen werden können.

Schwarzblauender Röhrling (Boletus pulverulentus) **gut**

Den Pilz erkennen: Der Pilz ist gebietsweise selten, kann aber dort, wo er wächst, in grossen Mengen vorkommen. Schon die leiseste Berührung verursacht eine sofortige tief dunkelblaue Verfärbung, wie sie kein anderer Röhrling aufzuweisen hat. Der meist 5–8 cm grosse Hut variiert in olivgraugelben und bräunlichen Tönen, in selteneren Fällen kann er auch weinrosa gefärbt sein. Jung ist er etwas verformt-halbkugelig, später flach, im Alter aufgeschlagen mit vertiefter Mitte, matt und feinfilzig. Die leuchtendgelben Röhren verfärben sich nach Berührung ebenfalls sofort dunkelblau. Der nach unten verjüngte, feinflockige, gelblich-bräunliche Stiel kann Spuren von Rot aufweisen. Das gelbe Fleisch läuft bei Anschnitt sofort dunkelblau an, bleicht aber nach längerem Liegen wieder aus. Nach dem Erhitzen geht die Blauverfärbung zurück.

Giftige Doppelgänger: Es gibt keinen ähnlichen Giftpilz. Der bittere Schönfussröhrling (S. 228) hat neben anderen Unterscheidungsmerkmalen einen genetzten Stiel und ist roh probiert an seiner Bitterkeit sofort zu erkennen.

Tips für die Küche: Der Schwarzblauende Röhrling ist ein guter Pilz für Misch- und Einzelgerichte. Haltbarmachung durch Einfrieren, Einwecken, Trocknen. Zum Einlegen in Essig und Silieren zu schade. Nicht roh essen.

Maronenröhrling, Braunhäuptchen (Xerocomus badius) **sehr gut**

Den Pilz erkennen: Braun und mattglänzend wie eine Marone (Esskastanie), ist der Pilz seit eh und je bei den Sammlern beliebt. Er schmeckt gut, ist weitverbreitet und kommt meist in grosser Zahl vor. Der Hut ist 5–10 cm gross, jung halbkugelig, später polsterförmig ausgebreitet, bei Feuchtigkeit etwas schmierig. Die jung mattgelben Röhren werden im Alter schmutzig olivgrünlich, auf Druck verfärben sie bläulich, manchmal auch bräunlich. Der 5–9 cm lange Stiel ist gelblich bis braunfaserig. Das weissliche, dicke, aber zarte Fleisch läuft manchmal leicht blau an, zur Stielbasis ist es bräunlich durchzogen. In Gesellschaft dieses Pilzes kann sich der etwas ähnliche essbare Rotfussröhrling (S. 98) befinden. Von oben ähnelt der Maronenröhrling auch dem Schwarzblauenden Röhrling (S. 96).

Giftige Doppelgänger: Es gibt keinen ähnlichen Giftpilz. Vergleichen Sie den Gallenröhrling (S. 229) und den Schönfussröhrling (S. 228), die roh probiert bitter schmecken.

Tips für die Küche: Der Maronenröhrling verbessert Pilzmischgerichte und ist in jungen Exemplaren für Einzelgerichte besonders geeignet. Einzelpilze verfeinern Fleischspeisen, Saucen und Suppen. Haltbarmachung durch Einfrieren, Einwecken und besonders durch Trocknen, da sich der Pilz ohne Waschen trocken sauber putzen lässt. Zum Einlegen in Essig und Silieren zu schade. Nicht roh essen.

Rotfussröhrling, Rotfüsschen (Xerocomus chrysenteron) gut

Den Pilz erkennen: Der Pilz ist nicht immer leicht zu erkennen, da er in vielen Färbungen und Gestalten auftreten kann. Deshalb sind auch vier verschiedene Typen abgebildet. Zum Trost für den Sammler sei gesagt, dass es nicht so wichtig ist, ihn richtig zu erkennen, denn ähnliche Giftpilze gibt es nicht. Der 3–10 cm grosse Hut ist braun mit Olivbeimischung oder auch rötlich; er neigt zum felderigen Aufreissen und zeigt in den Rissen und an Schneckenfrassstellen rötliches Fleisch. Die gelblichen, im Alter gelblich-grünlichen Röhren verfärben sich auf Druck schwach schmutzig-blaugrün. Der Stiel ist nicht immer rot, er kann auch gelblich sein oder bräunlich gefasert. Das gelbliche Fleisch läuft manchmal blau an.

Giftige Doppelgänger: Es gibt keinen ähnlichen Giftpilz. Die beiden ungeniessbaren Röhrlinge, der Gallenröhrling (S. 229) und der Schönfussröhrling (S. 228), sind schon roh probiert an ihrer Bitterkeit zu erkennen.

Tips für die Küche: Der Rotfussröhrling ist ein guter Füllpilz für Mischgerichte. Kräftige junge Exemplare können auch für ein Einzelgericht verwendet werden oder eine Fleischspeise sowie Saucen und Suppen verfeinern. Haltbarmachung durch Einfrieren, Einwecken, Trocknen. Zum Einlegen in Essig und Silieren zu schade. Nicht roh essen.

Blutroter Röhrling (Xerocomus rubellus) **gut**

Den Pilz erkennen: Der Pilz erscheint gern in Parkanlagen bei Einzelbäumen, oft auch in Gruppen aus senkrechten Wegböschungen herauswachsend. Der Hut zeigt ein so schönes leuchtendes Rosarot, wie es kaum bei einer anderen Art vorkommt. Schon daran ist der Blutrote Röhrling leicht zu erkennen. Der meist 5–7 cm grosse Hut ist jung feinfilzig, dann mattglänzend, die Huthaut greift etwas auf die Röhren über. Diese sind goldgelb bis gelbbräunlich und blauen wenig. Der meist rötlich gefaserte, manchmal verbogene Stiel wird 6–8 cm lang. Das gelbliche Fleisch läuft nach Anschnitt nur schwach blau an und schmeckt etwas säuerlich. Am gleichen Standort kann der etwas ähnliche essbare Rotfussröhrling (S. 98) vorkommen. Das schöne Rosa des Hutes wiederholt sich abgeschwächt beim viel grösseren essbaren *Königsröhrling* (Boletus regius), Abb. 55 in «700 Pilze».

Giftige Doppelgänger: Es gibt keinen ähnlichen Giftpilz.

Tips für die Küche: Der Blutrote Röhrling ist gut geeignet für Pilzmischgerichte, junge feste Exemplare auch für Einzelgerichte. Einzelpilze verfeinern Fleischspeisen, Saucen und Suppen. Haltbarmachung durch Einfrieren, Einwecken und Trocknen. Zum Einlegen in Essig und Silieren zu schade. Nicht roh essen.

Brauner Filzröhrling (Xerocomus spadiceus) **gut**

Den Pilz erkennen: Dieser Pilz geht meist als Ziegenlippe (S. 101) durch, aber der Botaniker unterscheidet beide sehr genau: der Braune Filzröhrling hat einen braunen Hut, die Ziegenlippe einen olivgrünen, die Grösse von meist 5–8 cm, und die samtig-filzige Oberfläche ist bei beiden gleich. Der Braune Filzröhrling hat dunkelgelbe Röhren mit weiten, länglich-eckigen Mündungen, manchmal sind sie rostfleckig. Der helle Stiel soll wenigstens andeutungsweise eine leichte Zeichnung langgestreckter Netzmaschen aufweisen. Das weissliche bis gelbliche Fleisch blaut nicht. Die Ziegenlippe hat keine Netzzeichnung am Stiel und auffallend leuchtend gelbe Röhren.

Giftige Doppelgänger: Es gibt keinen ähnlichen Giftpilz.

Tips für die Küche: Der Braune Filzröhrling ist ein guter Füllpilz für Mischgerichte, aus festen jungen Exemplaren können auch Einzelgerichte bereitet werden. Haltbarmachung durch Einfrieren, Einwecken und Trocknen. Zum Einlegen in Essig und Silieren zu schade. Nicht roh essen.

Ziegenlippe, Filziger Röhrling (Xerocomus subtomentosus) **gut**

Den Pilz erkennen: Die olivgrüne Ziegenlippe ist ein unauffälliger Pilz. Da er gesellig wächst, wird man nach weiteren, besonders nach jungen Ausschau halten, wenn man einen grossen entdeckt hat. Er ist dünnfleischig und nicht sehr ergiebig. Bei feuchtem Wetter wird die Ziegenlippe schnell von einer weissen Schimmelschicht bedeckt, die nach Abkratzen oder Anschnitt eine leuchtend gelbe Zwischenschicht aufweist. Es handelt sich um den Goldschimmel (Apiocrea chrysosperma), der diesen Pilz bevorzugt, aber auch andere Röhrlinge befällt. Solche Pilze sind nicht mehr essbar. Der olivgrüne, samtig-filzige Hut ist meist 5–8 cm gross. Die jungen Hüte bleiben nicht lange geschlossen, sondern sind rasch flach aufgeschirmt. Die auffallend leuchtend gelben Röhren laufen nach Fingerdruck nicht blau an, sie haben weite, eckige Mündungen. Der lange dünne Stiel ist gelblich-bräunlich, feinkörnig-rauh. Das weissliche Fleisch ist zart und weich. Ähnliche essbare Pilze sind der Braune Filzröhrling (S. 100) und der Rotfussröhrling (S. 98).

Giftige Doppelgänger: Es gibt keinen ähnlichen Giftpilz. Bittere Röhrlinge lassen sich gut durch die Geschmacksprobe am rohen Pilz unterscheiden.

Tips für die Küche: Guter Füllpilz für Mischgerichte. Aus genügend jungen, festen Exemplaren kann man auch ein Einzelgericht bereiten, das man je nach Geschmack mit Würze oder Kräutern verfeinern wird. Haltbarmachung durch Einfrieren, Einwecken und Trocknen. Zum Einlegen in Essig und Silieren nicht empfehlenswert, weil die Pilze schleimig werden. Nicht roh essen.

Falscher Pfifferling (Hygrophoropsis aurantiaca) **mässig gut**

Den Pilz erkennen: Schon mancher meinte, ein grosses Pfifferlingsvorkommen entdeckt zu haben – aber dann war es doch nur fast der Pfifferling, der dort in Mengen wuchs. Der Falsche Pfifferling kann dem echten sehr ähnlich sehen, aber roh probiert lässt er sich durch seinen milden Geschmack sofort vom pfeffrig-brennenden echten Pfifferling unterscheiden. Die mehr oder weniger ausgeprägte gelbe Farbe und die gegabelten Lamellen (beim Pfifferling sind es Leisten) mögen beide auch gemeinsam haben, aber das biegsame, zäh-elastische Fleisch hat nur der Falsche Pfifferling. Auf im Wald abgeschütteten Spänen findet man ihn massenhaft, in besonders grossen Exemplaren und teils auch büschelig verwachsen.

Giftige Doppelgänger: Es gibt keinen ähnlichen gefährlichen Giftpilz. Der büschelig wachsende, ungeniessbare *Ölbaumtrichterling* (Omphalotus olearius), Abb. 82 in «700 Pilze», ist sehr wärmeliebend und kommt besonders in Italien an Olivenbäumen vor.

Tips für die Küche: Den Falschen Pfifferling wird man nur sammeln, wenn ein paar bessere Arten für ein Pilzmischgericht zur Verfügung stehen. Allein gibt er wenig Aroma und eignet sich nach dem Blanchieren höchstens für einen Salat. Haltbarmachung durch Einfrieren, Einwecken, Trocknen und Einlegen in Essig. Silieren lohnt bei Massenvorkommen. Nicht roh essen.

Gelbbrauner Trichterling (Clitocybe gibba) **mässig gut**

Den Pilz erkennen: Am lichten Waldrand, längs der Waldwege oder in Parkanlagen unter Gebüsch findet man den Gelbbraunen Trichterling oft in Massen und allen Altersstadien. Dann kann man feststellen, dass der typische Buckel des jungen Hutes auch bei den alten, aufgeschirmten und eher trichterig geformten Hüten noch immer angedeutet vorhanden ist. Der bis 8 cm grosse, bald flatterig werdende, dünnrandige Hut ist von gelbbräunlicher Farbe, mattseidig bis feinflokkig-filzig. Die weissen, dichtstehenden Lamellen laufen am Stiel herab und sind manchmal gegabelt. Der Stiel hat etwas Hutfarbe und ist an der Basis mit weissem Myzel und Humusteilchen verwachsen. Das weissliche, wässrige Fleisch schmeckt mild und riecht süsslich-mandelähnlich. Etwas Ähnlichkeit haben der essbare Fahle Trichterling (S. 104), der grösser und fleischiger ist und sich durch den getropften Hut unterscheidet, und der minderwertige *Fuchsige Rötelritterling* (Lepista inversa), Abb. 151 in «700 Pilze», mit bitterlichem Geschmack.

Giftige Doppelgänger: Es gibt keinen ähnlichen gefährlichen Giftpilz. Gewarnt werden muss vor weissen Trichterlingen, vergleichen Sie den giftigen Laubfreundtrichterling (S. 220) und den giftigen Feldtrichterling (S. 221).

Tips für die Küche: Der Pilz besitzt so wenig Eigenaroma, dass er frisch verarbeitet nur für Mischgerichte in Frage kommt. Bei Massenvorkommen kann er geschmacklich durch die Milchsäuregärung beim Silieren merklich verbessert werden. Haltbarmachung durch Einfrieren, Einwecken, Trocknen, Einlegen in Essig, Silieren. Nicht roh essen.

Fahler Trichterling (Lepista gilva) **mässig gut**

Den Pilz erkennen: Als Trichterling würden wir den Pilz an den herablaufenden Lamellen erkennen, aber der Botaniker reiht ihn wegen biologischer Merkmale, z. B. rosa Sporenstaub, bei den Rötelritterlingen ein. Er ist an seinem getropften, gelbbräunlichen, 4–10 cm grossen Hut gut zu bestimmen. Diese Tropfenzeichnung hat ausser ihm nur noch der essbare Marmorierte Rötelritterling (S. 57). Die hellen Lamellen laufen weit am gelblichen oder hutfarbenen Stiel herab. Die Stielbasis ist vom Myzel weissfilzig-zottig und mit Waldhumus verwachsen. Das weissliche bis gelbliche Fleisch schmeckt etwas herb. Sehr ähnlich und auch am gleichen Standort möglich ist der minderwertige *Fuchsige Trichterling* (Lepista inversa), Abb. 151 in «700 Pilze», der roh probiert bitterlich schmeckt. Er hat keinen getropften Hut.

Giftige Doppelgänger: Es gibt keinen ähnlichen Giftpilz. Gewarnt werden muss vor weissen Trichterlingen. Beachten Sie auch den giftigen Laubfreundtrichterling (S. 220) und den giftigen Feldtrichterling (S. 221).

Tips für die Küche: Da der Pilz kein nennenswertes Eigenaroma besitzt, sollte er nur in kleinen Mengen einem Mischgericht beigegeben werden. Da er reichlich auftritt, lohnt sich das Silieren. Die Milchsäuregärung lässt ihn zartfleischig werden, die leichte Säure gibt ihm Geschmack, so dass er später als Pilzgemüse oder Salat zubereitet werden kann. Haltbarmachung durch Einfrieren oder Einwecken im Mischgericht, Trocknen, Einlegen in Essig. Nicht roh essen.

Seidiger Ritterling (Tricholoma columbetta) **gut**

Den Pilz erkennen: Er wächst an lichten grasigen Stellen gesellig in kleinen Gruppen, aber nicht büschelig wie der essbare sehr ähnliche Weisse Rasling (S. 72). Man achte sehr auf alle Merkmale, die ihn von weiteren weissen Pilzen unterscheiden. Der 5–10 cm grosse Hut ist reinweiss (bisweilen zeigt er grüne oder rosa Flecken) glänzend, jung ist er leicht kegelig geformt, schirmt aber bald flach auf, wonach der Rand noch länger nach unten eingebogen bleibt. Die weissen, dünnen Lamellen stehen dicht und sind ausgebuchtet oder mit Zahn herablaufend. Der 7–12 cm lange, weisse, mattseidig schimmernde Stiel ist an der Basis oft grünblau gefleckt und mit weissem Myzel und Humusteilchen bekleidet. Das weisse Fleisch ist fest, es riecht und schmeckt mehlartig.

Giftige Doppelgänger: In Grösse und Hutfarbe ähnelt der Seidige Ritterling dem giftigen Laubfreundtrichterling (S. 220), der sich jedoch durch die hellziegelrötlichen, herablaufenden Lamellen und den eigenartig säuerlichen Geruch unterscheidet. Der sehr giftige Kegelhütige Knollenblätterpilz (S. 212) oder die weisse Form des Grünen Knollenblätterpilzes (S. 211) haben eine Scheide an der Stielbasis. Ungeniessbare und stark unangenehm riechende, weitere helle Ritterlinge sind nicht so reinweiss.

Tips für die Küche: Das feste, aber zarte Fleisch eignet sich neben Mischgerichten auch für Einzelgerichte, besonders auch für Pilztorte. Nach dem Blanchieren lässt sich auch mit ein paar Farbtupfern (Tomate, grüne und rote Paprika, Gürkchen, Petersilie) ein pikanter Salat bereiten. Haltbarmachung durch Einfrieren, Einwecken, Trocknen, Einlegen in Essig und Silieren. Nicht roh essen.

Safrangelber Scheidenstreifling (Amanita crocea) **sehr gut**

Den Pilz erkennen: Als Scheidenstreifling ist der Pilz durch seine Scheide an der Stielbasis und die Streifen am Hutrand zu erkennen. Unter den durchweg essbaren Arten dieser Gattung hat er am meisten Ähnlichkeit mit dem Gelbbräunlichen Scheidenstreifling (S. 107), der aber einen glatten Stiel besitzt. Der Hut des Safrangelben Scheidenstreiflings ist meist 6–10 cm gross und von schönem Orangegelb, matt oder seidigglänzend. Der Rand ist deutlich gerieft. Bisweilen bleibt von der weissen Gesamthülle ein Fetzen auf dem Hut hängen, in der Regel ist er kahl und glatt. Die weissen Lamellen sind frei und nicht am Stiel angewachsen; sie sind breit und dichtstehend. Der bis 15 cm hohe Stiel ist oben verjüngt und an der Basis von einer kräftigen, häutigen, abstehenden Scheide umschlossen, dem Rest der Gesamthülle, die den jungen Pilz eingehüllt hat. Markantestes Erkennungsmerkmal ist die flockig-zarte Stielbekleidung, die nach Anfassen sofort zerdrückt wird. Der Geruch des zarten weissen Fleisches erinnert an Eierspeisen.

Giftige Doppelgänger: Der sehr giftige Kegelhütige Knollenblätterpilz (S. 212) wird nicht die orangegelbe Farbe erreichen, er hat keinen gerieften Hutrand, zwar einen weissen, weissschuppigen Stiel und eine Scheide an der Stielbasis, aber einen auffallenden üblen, aasartigen Geruch. Er wächst im Nadelwald.

Tips für die Küche: Wegen des zarten Fleisches und besonders feinen Aromas für Einzelgerichte besonders geeignet. Huthaut möglichst abziehen. Haltbarmachung durch Einfrieren und Einwecken. Zum Trocknen, Einlegen in Essig und Silieren zu schade. Nicht roh essen.

Gelbbräunlicher Scheidenstreifling (Amanita fulva) **gut**

Den Pilz erkennen: Auf versauerten Böden, und dort besonders in kleinen Senken, an Rändern von Strassengräben und allen Stellen, wo sich Feuchtigkeit lange hält, erscheint dieser Pilz gesellig und oft in vielen Exemplaren. Wegen seiner Brüchigkeit empfiehlt sich der Transport in einem gesonderten Behälter. Der meist 6–8 cm grosse Hut kann von Rotbraun über Orangefuchsig bis Hellbraun und Gelbbraun variieren, der Rand ist heller als der Scheitel. In der Regel ist er glatt und kahl, nur hin und wieder bleibt ein Fetzen der Gesamthülle darauf hängen. Die auffallende Riefung (Streifen) des Hutrandes hat zur Namensgebung geführt. Die freien Lamellen sind breit und dichtstehend. Der 10–12 cm hohe Stiel ist kahl und glatt, manchmal mit etwas Hutfarbe genattert, besitzt aber keine abwischbare flockige Schicht wie der essbare Safrangelbe Scheidenstreifling (S. 106). Der Stiel ist oben verjüngt und an der Basis von einer häutigen, abstehenden Scheide umschlossen, dem Rest der Gesamthülle, die den jungen Pilz gänzlich eingehüllt hat.

Giftige Doppelgänger: Es gibt keinen ähnlichen Giftpilz. Bei besonders hellen Exemplaren vergleichen Sie den sehr giftigen Kegelhütigen Knollenblätterpilz (S. 212).

Tips für die Küche: Lohnend für Misch- und Einzelgerichte. Huthaut möglichst abziehen. Haltbarmachung durch Einfrieren, Einwecken und Trocknen. Einlegen in Essig und Silieren sind wegen der Brüchigkeit nicht zu empfehlen. Nicht roh essen.

Kaiserling (Amanita caesarea) **sehr gut**

Den Pilz erkennen: Dieser wärmeliebende Pilz ist in Deutschland nur an begünstigten Stellen im Pfälzerwald, im Rheintal bei Emmendingen und in Bayern zu finden. In der Schweiz steigt er bis zu Höhen von 1500 m an. Als Begleitbäume bevorzugt er Eichen und Edelkastanien. Der schöne goldorangene oder orangerote Hut wird 8–12(20) cm gross, zeigt eine deutliche Riefung am Rand und ist kahl und glatt ohne Hüllreste. Der jung halbkugelig geformte Fruchtkörper ist von einer weissen Gesamthülle völlig umschlossen, die nach Aufreissen die häutige Scheide an der Stielbasis hinterlässt und in Ausnahmefällen auch einmal einen Fetzen auf dem Hut. Die Teilhülle, die jung die Lamellen bedeckt, bildet nach dem Aufschirmen eine hängende feingeriefte Manschette im oberen Stielteil. Die breiten, gedrängten Lamellen sind frei und nicht am Stiel angewachsen und von blassgelber oder kräftiggelber Farbe, die auch der 8–12 cm hohe Stiel besitzt. Das weissgelbliche Fleisch riecht und schmeckt angenehm.

Giftige Doppelgänger: Der giftige Fliegenpilz (S. 217) hat auf rotem, manchmal auch orangefarbenem Hut weisse Hüllreste, die nur in Ausnahmefällen fehlen. Lamellen und Stiel sind bei ihm weiss. Er hat keine Scheide wie der Kaiserling, sondern nur Warzengürtel an der Stielbasis.

Tips für die Küche: Aus diesem Pilz sollte ein feines, wenig gewürztes Einzelgericht hergestellt werden. Die Huthaut wird abgezogen und kann nach dem Trocknen wie Safran zum Gelbfärben von Spezialgerichten benutzt werden. Haltbarmachung durch Einfrieren und Einwecken. Zum Trocknen, Einlegen in Essig und Silieren zu schade. Nicht roh essen.

Grauer Wulstling (Amanita spissa) **mässig gut**

Den Pilz erkennen: Er riecht und schmeckt dumpf rübenartig und hat Ähnlichkeit mit dem guten Perlpilz (S. 110), der zur gleichen Zeit am gleichen Standort erscheinen kann. Die Hutfarbe des Grauen Wulstlings kann von Grau über Graubraun bis Dunkelbraun variieren. Auf der abziehbaren Huthaut befinden sich mehr oder weniger ringförmig angeordnete, erhabene, beigefarbene bis grauliche Schuppen als Reste der Gesamthülle, die den jungen Pilz umschlossen hat. Meist erreicht die Hutgrösse 8–10 cm. Die weissen Lamellen sind frei und nicht am Stiel angewachsen. Von der Teilhülle, die jung die Lamellen bedeckt, bleibt eine geriefte Manschette am Stiel zurück, die ein gutes Unterscheidungsmerkmal zum giftigen Pantherpilz (S. 216) ist. Der 8–10 cm lange, helle Stiel kann glattfaserig oder mit Hutfarbe genattert sein. (Beachten Sie die Tabelle der Unterscheidungsmerkmale Grauer Wulstling – Perlpilz – Pantherpilz auf S. 216.)

Giftige Doppelgänger: Der giftige Pantherpilz (S. 216) hat Ähnlichkeit durch Form und Farbe. Von seiner braunen Hutfarbe heben sich jedoch reinweisse Hüllreste markant ab. Die Manschette ist nicht gerieft. Die Stielbasis zeigt einen angewachsenen Scheidenwulst (Kindersöckchen). Ein weiterer schwach giftiger, etwas ähnlicher Pilz ist der *Porphyrbraune Wulstling* (Amanita porphyria), Abb. 288 in «700 Pilze», ohne Hüllreste auf dem Hut und mit flüchtiger, nicht geriefter Manschette.

Tips für die Küche: Dieser mässig gute Pilz sollte nur in kleinen Mengen einem Mischgericht beigegeben oder siliert werden. Huthaut abziehen. Haltbarmachung durch Einfrieren, Einwecken, Trocknen, Einlegen in Essig und Silieren. Nicht roh essen.

Perlpilz, Rötender Wulstling (Amanita rubescens) **gut**

Den Pilz erkennen: Manche Sammler fürchten sich vor einer Verwechslung mit dem Pantherpilz (S. 216), die aber nicht möglich ist, wenn man beachtet, dass der Perlpilz immer irgendwo, besonders aber in Madengängen eine rosa Färbung zeigt. Der Hut ist 7-9 cm gross, die Farbe kann von Silberweisslich über Gelbbraun und Braunrosa bis Weinrötlich und sogar Violettlich variieren. In der Regel ist die abziehbare Huthaut mit graubräunlichen Flocken, den Resten der Gesamthülle, besetzt, nur in Ausnahmefällen sind diese abgewaschen. Die weichen, freien, nicht am Stiel angewachsenen Lamellen sind weiss, später rosa gefleckt. Der 7-9 cm hohe Stiel kann weisseidig und glatt oder rosafaserig bis aufgerissen-geschuppt sein, die Stielbasis ist knollig und zeigt gürtelartig angeordnete Wärzchen. Die herabhängende Manschette ist nur wenig gerieft. Das zarte weisse Fleisch ist manchmal rosa durchzogen. Er riecht schwach, aber nicht nach Rüben wie der ähnliche essbare Graue Wulstling (S. 109).(Beachten Sie die Tabelle der Unterscheidungsmerkmale Grauer Wulstling – Perlpilz – Pantherpilz auf S. 216.)

Giftige Doppelgänger: Der etwas ähnliche giftige Pantherpilz (S. 216) hat reinweisse Schüppchen auf braunem Hut, einen angewachsenen Scheidenwulst an der Stielbasis (Kindersöckchen) und Rettichgeruch. Er zeigt nirgends rosa Verfärbungen wie der Perlpilz. Ein weiterer schwach giftiger Doppelgänger ist der *Porphyrbraune Wulstling* (Amanita porphyria), Abb. 288 in in «700 Pilze», ohne Hüllreste auf dem Hut, mit flüchtiger Manschette und Rübengeruch.

Tips für die Küche: Für Mischgerichte, je nach Geschmack auch als Einzelgericht geeignet. Huthaut abziehen. Haltbarmachung durch Einfrieren, Einwekken, Trocknen, Einlegen in Essig und Silieren. Nicht roh essen.

Schiefknolliger Anischampignon (Agaricus abruptibulbus) **sehr gut**

Den Pilz erkennen: Durch seinen Anisgeruch hat er Ähnlichkeit mit dem Schafegerling (S. 68) und dem *Dünnfleischigen Anisegerling* (Agaricus silvaticus), die auch essbar sind. Der 6-9 cm grosse Hut ist weiss und matt glänzend, bei Druck oder Verletzung läuft er gelb an. Die freien, dichtstehenden Lamellen sind anfangs weisslich-blass, dann graurosa (nie leuchtend rosa), zuletzt dunkelbraun. Die sie jung bedeckende Teilhülle ist dünn und hinterlässt am Stiel einen zusammenfallenden, vergänglichen Ring, oder es bleiben Fetzen am Hutrand hängen. Der 7-12 cm lange Stiel ist über dem Ring glatt und weisseidig, darunter bräunlich-faserig. Mit fortschreitendem Alter neigt er zu gekrümmten Verformungen. Die Basis schliesst ab mit einer abgeplatteten, manchmal mehr oder weniger gerandeten Knolle. Das weisse Fleisch gilbt und riecht nach Anis.

Giftige Doppelgänger: Der sehr giftige Kegelhütige Knollenblätterpilz (S. 212) und die weisse Form des Grünen Knollenblätterpilzes (S. 211) haben bis ins Alter weisse Lamellen, eine Scheide an der Stielbasis, ersterer ausserdem aasartigen Geruch. Der unbekömmliche Karbolchampignon (S. 227) hat viel Ähnlichkeit, ist aber durch seinen Karbolgeruch und die nach Anschnitt chromgelb verfärbende Stielbasis gut zu unterscheiden.

Tips für die Küche: Als einer der besten Aromapilze eignet er sich zur Verfeinerung von Mischgerichten und besonders auch für aparte Einzelgerichte. Haltbarmachung durch Einfrieren und Einwecken. Zum Trocknen, Einlegen in Essig und Silieren zu schade. Er gehört zu der Gruppe der gilbenden Champignos mit erhöhtem Cadmiumgehalt; bitte lesen Sie darüber auf Seite 15.

Grünspanträuschling (Stropharia aeruginosa) **mässig gut**

Den Pilz erkennen: Der Pilz hat so viele besondere Merkmale und eine ausgefallene Farbe, dass man ihn recht leicht erkennen kann. Der jung glockig-kegelige, später flachkegelige Hut ist zuerst blaugrün oder grünlich, später entfärbt er sich vom Scheitel her gelblich. Auf der abziehbaren schleimigen Huthaut haften weisse, abwischbare Flöckchen. Der Hutrand kann mit Resten der Teilhülle behangen sein, die jung die Lamellen bedeckt und einen häutigen, vergänglichen Ring am Stiel hinterlässt. Darüber ist dieser kahl und matt, darunter weisslich oder zart grünlich schuppig-flockig, jung etwas schleimig. Die breitangewachsenen, violettlichgrauen Lamellen haben eine feingekerbte, weissflockige Schneide. Das weiche weissliche Fleisch besitzt einen schwach rettichartigen Geruch und Geschmack.

Giftige Doppelgänger: Der sehr giftige Grüne Knollenblätterpilz (S. 211) hat neben anderen Unterscheidungsmerkmalen bis ins Alter weisse Lamellen und eine häutige Scheide an der Stielbasis. Es gibt keinen anderen Giftpilz, der mit dem Grünspanträuschling Ähnlichkeit hat.

Tips für die Küche: Den schwach aromatischen, etwas weichfleischigen Pilz wird man nur sammeln, wenn auch ein paar andere Arten für ein Mischgericht vorhanden sind. Für ein Einzelgericht ist er nicht besonders geeignet, höchstens für eine gewürzte Pilzsuppe. Die Huthaut wird abgezogen. Haltbarmachung durch Einfrieren und Einwecken im Mischgericht. Nicht roh essen.

Vielgestaltiger Schleimkopf (Cortinarius variegatus) **sehr gut**

Den Pilz erkennen: Wer die Gattung der Haarschleierlinge an dem zarten, feinfädigen Schleier erkennt, der sich bei jungen Exemplaren vom Hutrand zum Stiel spannt, wird die hier abgebildete Art leicht bestimmen. Es gibt nur noch einen ähnlichen Haarschleierling, der eine zart lilafarbene Stielbasis hat, den ebenfalls essbaren *Cortinarius corruscans.* Diese Stielbasis ist beim Vielgestaltigen Schleimkopf beim Herausnehmen aus dem Erdreich zunächst weiss und färbt sich frühestens nach einer halben Stunde rosalila. Der 5-10 cm grosse Hut ist ockergelblich bis ockerbräunlich, zart weisslich-silbrig befasert, feucht schmierig, trocken mattglänzend. Junge Pilze sind flach halbkugelig, der Rand bleibt nach dem Aufschirmen lange nach unten gebogen, im Alter verbiegt sich der Hut ungleich wellig. Die dichtstehenden Lamellen sind jung blassockerlich, später ockerbräunlich. Der 6–8 cm hohe Stiel ist weissgrundig, im Alter leicht bräunlich gefasert oder nach Berühren ockerbräunlich verfärbt. Das weisse, feste Fleisch besitzt keinen auffälligen Geruch und schmeckt mild.

Giftige Doppelgänger: Es gibt ähnliche ungeniessbare Arten der Gattung Haarschleierling, keine hat jedoch die rosalila Stielbasis. Vergleichen Sie den etwas ähnlichen giftigen Riesenrötling (S. 218)

Tips für die Küche: Dieser Pilz kann grosse Ernten bringen und ist für Mischgerichte ebenso geeignet wie für Einzelgerichte, für Pilztorte, blanchiert auch für Salat. Haltbarmachung durch Einfrieren, Einwecken, Trocknen, Einlegen in Essig und Silieren. Nicht roh essen.

Ockertäubling (Russula ochroleuca) **mässig gut**

Den Pilz erkennen: Wenn im herbstlichen Wald nichts anderes als ein gelber Pilz in Mengen steht, ist es (fast garantiert) der Ockertäubling. Der 4-8 cm grosse Hut ist ockergelb, in seltenen Fällen leicht bräunlich oder grünlich. Der Pilz hat einen mässig bitteren Geschmack. Die jung flach halbkugelig geformten Hüte schirmen bald auf und zeigen dann statt des anfänglichen Buckels eine zentrale Vertiefung. Die weissen, im Alter braunfleckigen Lamellen sind brüchig und splittern weg, wenn man darüberstreift. Der 3–8 cm lange weisse Stiel kann später braunfleckig oder auch gräulich verfärbt sein wie auch das weisse, brüchige Fleisch. Der ähnliche essbare Gelbe Graustieltäubling (S. 165) hat ein leuchtenderes Gelb und keinen bitteren Geschmack.

Giftige Doppelgänger: Es gibt keinen ähnlichen gefährlichen Giftpilz. Der ungeniessbare *Gallentäubling* (Russula fellea), Abb. 482 in «700 Pilze», hat einen gerieften Hutrand und ist roh probiert brennend scharf, wie auch die gelblichen Stinktäublinge scharf schmekken.

Tips für die Küche: Nur junge Pilze nehmen. Zum Schmoren sind Sie zu bitter, aber nach Abkochen und Wegschütten des Kochwassers eignen sie sich für Salat oder für ein Gericht mit saurer Sauce. Silieren ist die beste Verwertung. Die Pilze werden zart, die Bitterkeit verschwindet und sie erhalten einen angenehmen Geschmack. Danach sind sie für Schmorpilze gut zu verwenden. Nicht roh essen.

Gefelderter Grüntäubling (Russula virescens) **sehr gut**

Den Pilz erkennen: Leider kommt dieser kostbare Pilz nur einzeln oder in wenigen Exemplaren vor, so wird er uns immer aufs neue begeistern, wenn wir ihn finden. Der anfangs ockerbräunliche, glatte Hut des jungen Pilzes färbt erst beim Aufschirmen in Grün um und behält noch lange die ockerbräunliche, vertiefte Mitte. Mit fortschreitendem Alter reisst die Huthaut immer mehr felderig-schuppig auf, so dass der Pilz in diesem Zustand sofort zu erkennen und mit keinem anderen zu verwechseln ist. Meist ist der Hut 5–9 cm gross, er kann ausnahmsweise auch grösser werden. Die cremefarbenen Lamellen sind spröde und brüchig. Der harte weisse Stiel wird 3–6 cm lang und ist an der Basis verjüngt. Das weisse Fleisch ist fest, aber auch brüchig.

Giftige Doppelgänger: Es gibt keinen ähnlichen Giftpilz. Der sehr giftige Grüne Knollenblätterpilz (S. 211) hat bis ins Alter weisse, biegsame Lamellen, eine Scheide an der Stielbasis und andere Unterscheidungsmerkmale.

Tips für die Küche: Dieser aromatische, durch festes, aber trotzdem zartes Fleisch ausgezeichnete Pilz ist zur Verbesserung von Mischgerichten und hervorragend für feine Einzelgerichte geeignet, besonders gut auch für Pilztorte. Haltbarmachung durch Einfrieren und Einwecken. Zum Trocknen, Einlegen in Essig und Silieren zu schade.

Speisetäubling (Russula vesca) **sehr gut**

Den Pilz erkennen: Dies ist ein sehr verbreiteter Pilz, der überall vorkommt, aber nie in grösserer Stückzahl auftritt. Meist steht er in lichten Wäldern, in Parkanlagen, unter Gebüsch. Seine Farbe kann manch anderer Täubling auch aufweisen, aber keiner mit dieser Farbe besitzt zugleich das Erkennungsmerkmal des Speisetäublings: bei ihm zieht sich die Huthaut am Rand ein wenig zurück, so dass die Lamellen zähnchenartig darunter hervortreten. Dazu der milde, nussartige Geschmack des roh probierten Pilzes, dann ist keine Verwechslung mit ungeniessbaren Täublingen möglich. Der 5–10 cm grosse Hut ist fleischrötlich-bräunlich, in der Mitte manchmal ockerlich ausblassend. Der jung flachgewölbte Hut schirmt bald auf und bildet dann in der Mitte eine Vertiefung, der Rand neigt zum Aufspalten. Die spröden, brüchigen Lamellen sind weiss und oft rostfleckig. Auch der weisse, an der Basis verjüngte Stiel kann diese bräunlichen Flecken haben. Das weisse Fleisch ist fest, trocken und brüchig.

Giftige Doppelgänger: Es gibt keinen ähnlichen gefährlichen Giftpilz. Ähnliche Täublinge können roh probiert werden: die milden sind essbar, die scharfen oder bitteren ungeniessbar.

Tips für die Küche: Dieser aromatische Pilz eignet sich zur Verfeinerung von Mischgerichten, aber auch hervorragend für Einzelgerichte sowie für Pilztorte. Soweit die Huthaut leicht abgeht, wird man sie abziehen. Haltbarmachung durch Einfrieren und Einwecken. Zum Trocknen, Einlegen in Essig und Silieren zu schade.

Rotstieliger Ledertäubling (Russula olivacea) **mässig gut**

Den Pilz erkennen: Er gehört zu den ganz grossen Täublingen, aber seine Grösse ist auch das einzig Konstante an ihm. Die Hutfarbe ist sehr verschieden. Das leichte Gewicht des Pilzes steht in keinem normalen Verhältnis zu seiner Grösse. Nur durch das besonders trockene Fleisch und den luftig faserfleischig ausgestopften, fast hohlen Stiel kommt es, dass er so leicht ist. Der bis 20 cm grosse Hut kann trüblila oder weinrosa bis -rot, rostigbraun oder heller bis dunkler grün aussehen, oder mehrere Farben können wolkig vermischt sein. Jung ist er fast kugelig, alt aufgeschlagen mit vertiefter Mitte. Die Hutfarbe zieht sich oft vom Hutrand ein Stück auf die Lamellenschneiden über. Die dicken, breiten, ockergelben Lamellen sind sehr brüchig. Der Stiel kann schön karminrosa sein, manchmal ist er auch heller oder gar weisslich mit geringer Rosaandeutung. Das schmutzig-gelbliche Fleisch ist sehr trokken und brüchig, es schmeckt mild.

Giftige Doppelgänger: Es gibt keinen ähnlichen Giftpilz. Ähnlich Täublinge können probiert werden: die milden sind essbar, scharfe und brennende ungeniessbar.

Tips für die Küche: Man wird den grossen Pilz kaum verachten, wenn sich junge, nicht zu brüchige Exemplare anbieten. Er ist zwar recht trocken, gibt aber einen guten Füllpilz für ein Mischgericht ab und eignet sich sehr gut für Pilztorte. Blanchiert kann ein Salat daraus bereitet werden. Haltbarmachung durch Einfrieren, Einwecken, Trocknen, Einlegen in Essig und Silieren. Nicht roh essen.

Milchbrätling (Lactarius volemus) **gut**

Den Pilz erkennen: Da der Pilz nach Verletzung Flüssigkeit absondert, ist er schnell in die Gattung der Milchlinge einzuordnen, und am reichlichen weissen Milchfluss und dem Heringsgeruch erkennt man ihn gleich als den Milchbrätling. Der Hut ist meist 8–11 cm gross, orangegelb bis orangebraun, feinsamtig-matt. Die gelblichen Lamellen bräunen an den Stellen, wo sie berührt oder verletzt wurden, wie das auch am Hut und am bräunlichen Stiel der Fall ist. Das Fleisch ist weisslich und riecht nach Hering. Nach Verletzung tritt reichlich weisse Flüssigkeit (Milch) aus, die roh probiert mild schmeckt. Ähnlich gefärbte Milchlinge, die jedoch nicht den reichlichen Milchfluss und den Heringsgeruch haben, sind auch durch ihren Geschmack zu unterscheiden: bei ungeniessbaren wird die Milch herb, bitter oder brennend scharf sein.

Giftige Doppelgänger: Es gibt keinen ähnlichen Giftpilz.

Tips für die Küche: Der Name sagt es schon: dies ist ein Pilz zum Braten. Wir braten ihn mit etwas Fett von beiden Seiten hellbraun. Wichtig ist, dass wenig von der weissen Milch verlorengeht. Darum wird der Stiel nur unterhalb des Hutes abgeschnitten und dieser unzerteilt schnell ins heisse Fett gelegt, der Stiel, einmal längsgeteilt, ebenfalls. Der Milchbrätling kann auch roh gegessen werden. Er ist völlig ungeeignet zum Schmoren oder Kochen sowie zur Haltbarmachung.

Pfeffermilchling (Lactarius piperatus)

mässig gut

Den Pilz erkennen: Besonders im Laubwald wird man auch zu pilzarmen Zeiten noch den grossen, weissen Pfeffermilchling finden. Seine weisse Milch ist roh probiert brennend scharf. Der bald trichterig aufgeschlagene Hut mit vertiefter Mitte wird meist 6–12 cm gross. Er ist cremeweisslich, oft braunschorfig. Die dichtstehenden, weisslichen Lamellen laufen etwas am Stiel herab, verletzt färben sie bräunlich. Der weissliche Stiel ist etwa so lang wie der Hut breit ist und an der Basis zugespitzt. Das weisse Fleisch ist fest und hart.

Giftige Doppelgänger: Der sehr ähnliche *Wollige Milchling* (Lactarius vellereus), Abb. 522 in «700 Pilze», ist nicht giftig, aber kaum geniessbar. Er unterscheidet sich durch den grösseren, weissen, wollig-filzigen Hut, weiterstehende Lamellen, einen kurzen Stiel im Verhältnis zur Hutbreite und die nicht zugespitzte Stielbasis. Die Milch schmeckt kratzend bitter.

Tips für die Küche: Dem Pilz kann durch scharfes Braten die Schärfe genommen werden, danach schmeckt er mild und fade und muss nun durch Pfeffer, Salz, Paprikapulver, Curry oder gehackte Kräuter gewürzt werden. Spezialrezept: Pilze trocken säubern, nicht waschen, Hut vom Stiel abschneiden, kleine Hüte ganz lassen, grosse vierteilen, etwas salzen. In der Pfanne Fett sehr heiss werden lassen, Pilzstücke auf beiden Seiten hellbraun braten, herausnehmen und warmstellen. Speckwürfel im verbleibenden Fett anrösten, herausheben und zu den Pilzen geben. Im restlichen Fett Streifen von frischer Paprika, Tomate, Zwiebelscheiben oder Knoblauch gut durchschmoren, würzen, alles über die Pilze häufen. Haltbarmachung nicht empfehlenswert.

Trompetenpfifferling (Cantharellus tubaeformis) **gut**

Den Pilz erkennen: Nach der Unterseite des Hutes muss man den Pilz botanisch den Leistenpilzen zuordnen, denn die schmalen, dicklichen Rippen sind keine Lamellen, sondern Leisten; sie lassen sich nicht ablösen, da sie mit dem Hut verwachsen sind. Der Trompetenpfifferling ist weit verbreitet und kommt sehr gesellig bis fast rasig an seinem Standort vor. Am ausgereiften Fruchtkörper erkennt man am besten die Trompetenform, dann ist die anfänglich noch verwachsene Hutmitte bis zum Stiel hinunter geöffnet. Die Farbe des meist 2–3 cm grossen Hutes variiert zwischen Gelbbraun und Graubraun, wie auch die Leisten auf der Hutunterseite grau oder gelb sein können. Der röhrige gelbe Stiel kann ebenfalls, besonders an der Spitze, grau getönt sein. Am gleichen Standort können auch ganz gelbe Fruchtkörper auftreten, die als *Gelber Trompetenpfifferling* (var. lutescens), Abb. 589 in «700 Pilze», bezeichnet werden und ebenfalls essbar sind.

Giftige Doppelgänger: Es gibt keinen ähnlichen Giftpilz.

Tips für die Küche: Der Pilz ist nach dem Schmoren etwas zäh, so dass er möglichst fein aufgeschnitten werden muss. So kann er in grösseren Mengen einem Pilzmischgericht beigegeben werden. Er eignet sich besonders für Pilzhackbraten oder -bouletten in einer Mischung mit Fleisch zu gleichen Teilen; dazu wird er am besten durch den Fleischwolf gedreht. Feingehackt kann er auch der Pilzmasse für Pilztorte zugefügt werden. Haltbarmachung durch Einwecken oder Einlegen in Essig. Durch Einfrieren werden die Pilze recht zäh; in einem eingefrorenen Mischgericht tritt das jedoch nicht wesentlich hervor. Nicht roh essen.

Herbsttrompete, Totentrompete (Craterellus cornucopioides) **sehr gut**

Den Pilz erkennen: Die Herbsttrompete kommt dort, wo sie wächst, in grossen Gruppen, manchmal sogar rasig vor, aber man findet sie nicht überall. Die breite, weit offene Trompetenform der reifen Fruchtkörper lässt diesen Pilz rasch erkennen. Die Innenseite des 5–12 cm breiten Pilzes muss nicht unbedingt fleckig getupft sein, sie ist manchmal glatt und hell bis dunkler grau bis graubraun, ja sogar schwarz. Die Aussenseite von mehr oder weniger graubräunlicher Färbung ist grubig-gerunzelt mit angedeutet hervortretenden, schwachen Leisten, also eher glatt. Mehrere Stiele sind an der Basis zusammengewachsen. Der Pilz ist dünnfleischig, elastisch und nicht sehr brüchig, er schmeckt roh probiert mild.

Giftige Doppelgänger: Es gibt keinen ähnlichen Giftpilz.

Tips für die Küche: Diesen Pilz kann man zwar zu Mischgerichten verarbeiten oder Fleischspeisen, Saucen oder Suppen beigeben, aber er ist etwas zäh. Sein Bestes gibt dieser Pilz erst her, wenn man ihn trocknet und als Würze benutzt. Damit kann man faden Pilzgerichten zum richtigen Pilzgeschmack verhelfen und Fleischspeisen, Saucen und Suppen aromatisieren. Die getrockneten Pilze werden ausgekocht und nur der Sud zum Würzen benutzt. Die rascheltrockenen Pilze können auch zu Pulver gemahlen und so zum Würzen den Speisen beigegeben werden, aber feine glatte Saucen werden dadurch etwas griesig. Ideal ist die köstliche Flüssigwürze (S. 240) aus Herbsttrompeten. Einfrieren, Einwecken und Trocknen möglich. Zum Einlegen in Essig und Silieren zu schade. Nicht roh essen.

Semmelstoppelpilz (Hydnum repandum) **gut**

Den Pilz erkennen: Hat man die mit stachelähnlichen Gebilden (Stoppeln) besetzte Hutunterseite erkannt, ist es anhand der weiteren Merkmale nicht schwer, den Pilz zu bestimmen. Der abgebildeten Art ähnlich ist der ebenfalls essbare *Rotgelbe Semmelstoppelpilz* (Hydnum rufescens) Abb. 607 in «700 Pilze». Der nur jung rundliche, später vielfach und ungleich verbogene, matte Hut des Semmelstoppelpilzes kann 5–12 cm gross sein. In manchen Wäldern gibt es nur kleine, in anderen wieder nur grosse Fruchtkörper. Die Farbe variiert von weisslich, gelblich über fleischrosa Töne bis gelblichbräunlich. Der Hutrand bleibt lange nach unten eingebogen, Die helleren Stoppeln sind sehr brüchig. Der weissliche Stiel ist oft seitlich angesetzt und bei älteren Exemplaren kurz und eigenwillig verformt. Das brüchige weissliche Fleisch färbt sich einige Zeit nach Anschnitt rostbraun. Es schmeckt etwas bitterlich.

Giftige Doppelgänger: Es gibt keinen ähnlichen Giftpilz. Entfernt ähnliche, korkige Pilze mit brüchigen oder elastischen Stacheln an der Hutunterseite würden schon wegen ihrer zähen Beschaffenheit für Speisezwecke nicht in Betracht gezogen werden.

Tips für die Küche: Dieser Massenpilz kann für Mischgerichte, Pilztorte und feingehackt für Pilz-Fleischbouletten verwertet werden. Seine leichte Bitterkeit vergeht. Es dürfen aber keine alten Pilze verwendet werden. Haltbarmachung durch Einfrieren im Mischgericht. Nicht roh essen.

Schwefelgelbe Koralle (Ramaria flava)

gut

Den Pilz erkennen: Die Korallen erkennt man rasch an ihrer Gestalt, aber man muss sie, wenn man sie essen will, genau unterscheiden können, denn es gibt viele unbekömmliche. Eine frischgewachsene Schwefelgelbe Koralle ist leuchtend gelb, aber bei Feuchtigkeit und in zunehmendem Alter cremeocker, so dass sie dann schon ähnlichen unbekömmlichen Arten gleicht. Die Ästchen, die dem weissen dicken Strunk entspriessen, laufen meist in zwei stumpfe Spitzen aus oder auch in unregelmässige, stumpfe, plumpe Enden. Das Fleisch des Strunkes ist schmutzigweiss marmoriert und hat einen herben Geschmack, die Spitzen können auch leicht bitter sein. Der ganze Fruchtkörper ist etwa 15–16 cm hoch. Es gibt viele ähnliche Arten, die jung oder nach Wegschneiden der Spitzen oder nach Abkochen essbar sind, von all diesen schwer bestimmbaren Korallen sollte für Speisezwecke abgesehen werden, da viele zu Magenbeschwerden führen.

Giftige Doppelgänger: Zu Magen- und Darmbeschwerden führt die Bauchwehkoralle (S. 224). Weitere ungeniessbare Korallen zeigen schon zum Teil durch stärkere Bitterkeit, dass sie nicht essbar sind.

Tips für die Küche: Nur junge einwandfreie Fruchtkörper kommen für Speisezwecke in Frage. Die meist bitteren Spitzen werden weggeschnitten, das etwas knorpelige Pilzfleisch fein gehackt. Der Pilz eignet sich für Mischgerichte oder nach Blanchieren für Salat, durch den Fleischwolf gedreht auch für Pilz-Fleischbouletten. Haltbarmachung durch Einfrieren und Einwecken im Mischgericht, Einlegen in Essig. Nicht roh essen.

Eselsohr (Otidea onotica) **gut**

Den Pilz erkennen: Wenn «Öhrchen» im Wald herumstehen, handelt es sich entweder um das kleinere essbare, rostgelb bis zimtbraun gefärbte *Bräunliche Hasenohr* (Otidea leporina), Abb. 661 in «700 Pilze», oder um das grössere, mehr ockergelbe Eselsohr, das 3–5 (10) cm hoch werden kann. Der Fruchtkörper ist innen matt und kahl, aussen matt und leicht grubig-furchig. Der kurze weisse Stielansatz ist glatt oder wenig gerippt. Das weissliche Fleisch ist wachsartig und zerbrechlich. Es schmeckt süsslich und angenehm. Becherlinge von ockerlicher Farbe oder auch schnekkenförmige Becherlinge können etwas Ähnlichkeit haben, sie sind alle essbar, wenn auch weniger aromatisch als das Eselsohr.

Giftige Doppelgänger: Es gibt keinen ähnlichen Giftpilz. Der roh giftige, aber gekocht ebenfalls essbare *Kronenbecherling* (Sarcospaera exima), Abb. 663 in «700 Pilze», ist innen lilabraun gefärbt und dickfleischig.

Tips für die Küche: Der brüchige und zartfleischige Pilz kann Mischgerichten zugegeben werden oder nach dem Blanchieren für einen Salat dienen. Dazu und auch als Einlage in eine chinesische Sauce braucht er nur grob zerteilt zu werden, kleine Pilze bleiben ganz. Haltbarmachung durch Einfrieren, Einwecken, Einlegen in Essig. Nicht roh essen.

Hallimasch, Heckenschwamm, Honigpilz, Stubbeling (Armillariella mellea) **gut**

Den Pilz erkennen: Der Hallimasch ist roh giftig, aber erhitzt aromatisch und gut. Er bekommt jedoch nicht jedem gleich gut. Seine abführende Wirkung ist allgemein bekannt. Wenn man die ganze Sammelart Hallimasch berücksichtigt, kann er von gelb bis braun und olivgrün aussehen. Der meist 6–10 cm grosse Hut ist filzig-schuppig bis borstig-schuppig, jung kugelig mit lange nach unten eingeschlagenem Hutrand. Die kurz am Stiel herablaufenden, weisslichen, später bräunlichen Lamellen sind jung von einer dickhäutigen Teilhülle bedeckt, die nach dem Aufschirmen einen oberseits leichtgerieften, weichflockigen Ring hinterlässt. Der gelblichbräunliche, zur Basis dunkler werdende Stiel ist unter dem Ring glattfaserig oder etwas flockig, die Basis sitzt dem Holz meist kugelig angeschwollen auf. Der Hallimasch wächst in dichten Büscheln. Das weissliche Fleisch ist spröde, im Stiel schwammig-zähfaserig, ein kleines Stück roh probiert wirkt nach längerem Kauen im Hals zusammenziehend (ausspuken!).

Giftige Doppelgänger: Es gibt keinen auf Holz wachsenden Giftpilz, der mit dem Hallimasch Ähnlichkeit hat. Der etwas ähnliche, rettichartig schmeckende *Sparrige Schüppling* (Pholiota squarrosa), Abb. 358 in «700 Pilze», ist nicht giftig.

Tips für die Küche: Dieser Pilz eignet sich für Misch- und Einzelgerichte und besonders gut für Pilztorte. Haltbarmachung durch Einfrieren, Einwecken, Trocknen, Einlegen in Essig und Silieren. Nicht roh essen.

Aniszähling (Lentinellus cochleatus) **gut**

Den Pilz erkennen: Wenn der Pilz tatsächlich nach Anis duftet, wie er das tun soll, ist es nicht schwer, ihn zu erkennen. Der Geruch kann aber auch gänzlich fehlen. Dann ist es gut zu wissen, dass es keinen anderen gleich aussehenden Pilz gibt, man hat die ebenfalls essbare var. inolens, die geruchlose Abart gefunden. Der gelappte, ungleich-wellig und gekerbte, seitlich gestielte Fruchtkörper ist ockerbräunlich oder trocken heller. Die weit am Stiel herablaufenden Lamellen sind erst weisslich, später rostbräunlich, die Schneiden sind einem Sägeblatt ähnlich auffallend gekerbt. Der seitliche, abwärts verjüngte, zu mehreren büschelig verwachsene Stiel ist rippig-gerunzelt und wird zur Basis dunkler bis schwarzbraun. Das weissliche Fleisch ist bei jungen Pilzen zart, bei alten zäh. Der ganze Fruchtkörper ist etwa 10–15 cm hoch.

Giftige Doppelgänger: Es gibt keinen auf Holz wachsenden und nach Anis duftenden Giftpilz, der mit dem Aniszähling Ähnlichkeit hat.
Tips für die Küche: Der Aniszähling bildet manchmal üppige Büschel, so dass sich das Sammeln lohnt. Die Pilze werden nur so weit für Mischgerichte genommen, wie sie sich leicht schneiden lassen und zart sind. Zähe Stücke können getrocknet und zu köstlicher Flüssigwürze (S. 240) weiterverarbeitet werden. Haltbarmachung durch Einfrieren oder Einwecken im Mischgericht und Trocknen. Nicht roh essen.

Samtfusskrempling (Paxillus atrotomentosus) **mässig gut**

Den Pilz erkennen: Es handelt sich um einen besonders grossen Pilz, dessen Hut bis 20 cm breit werden kann. Die nach unten geschlagene Hutkrempe und der braunsamtige Stiel lassen ihn gut erkennen. Der braune, mattfilzige Hut ist kahl oder reisst schülferig-felderig auf. Er ist nicht rund, sondern ungleich muschelförmig mit seitlich angesetztem Stiel. Die ockergelben Lamellen verfärben an Druckstellen braun; sie stehen ziemlich dicht und laufen etwas am Stiel herab. Das gelbliche, schwammig-weiche Fleisch enthält bei Feuchtigkeit viel Wasser und kann wie ein Schwamm ausgedrückt werden. Es riecht dumpfig und schmeckt säuerlich-herbe.

Giftige Doppelgänger: Es gibt keinen ähnlichen Giftpilz. Der giftige Kahle Krempling (S. 225) hat keinen samtigen Stiel und wächst nicht auf Holz.

Tips für die Küche: Die Franzosen sammeln diesen Pilz, obwohl er keine Delikatesse ist, für ihre berühmte Küche; weshalb sollen wir es ihnen nicht nachtun. Nach dem Kochen verfärbt sich das Fleisch lila. Wegen seines säuerlichen Geschmacks ist der Samtfusskrempling am besten für einen Salat zu gebrauchen. Nach dem Blanchieren in feine Streifen schneiden und mit würziger Marinade anmachen. Wenige, sehr fein geschnittene junge Pilze können einem Mischgericht beigegeben werden. Haltbarmachung durch Einfrieren, Einwecken, Trocknen, Einlegen in Essig und Silieren. Nicht roh essen.

Rötlicher Holzritterling (Tricholomopsis rutilans) **gut**

Den Pilz erkennen: Dieser gern büschelig auf Nadelholzstümpfen wachsende Pilz muss nicht unbedingt rötlich sein, oftmals sind junge Exemplare lila-weinrotmattsamtig; wenn dann die Oberhaut auseinandergewachsen ist, erscheinen sie rostgelblich mit weinroten Tupfen. Der jung glockig-gewölbte Hut behält lange einen derben Scheitel und wird meist 6–10 cm gross. Die Lamellen können heller oder leuchtend gelb sein; sie sind ein gutes Erkennungsmerkmal, da nicht viele Pilze gelbe Lamellen besitzen. Der Stiel zeigt ebenfalls jung mehr lila-weinrötliche Töne als im Alter. Das gelbe Fleisch riecht bei älteren Exemplaren etwas dumpf. Ähnlich, aber in allen Teilen ohne rötlich-violette Farbtöne, ist der essbare, vorwiegend in Berglagen an Nadelholz wachsende *Olivgelbe Holzritterling* (Tricholomopsis decora), Abb. 153 in «700 Pilze».

Giftige Doppelgänger: Es gibt keinen ähnlichen Giftpilz.

Tips für die Küche: Nur junge Exemplare, die noch keinen deutlich dumpfen Geruch besitzen, sind für Pilzmischgerichte geeignet. Nach Blanchieren kann auch ein Salat daraus bereitet werden. Haltbarmachung durch Einfrieren, Einwecken, Trocknen, Einlegen in Essig, Silieren. Nicht roh essen.

Gallertstacheling, Zitterzahn, Eispilz (Pseudohydnum gelatinosum)

interessant

Den Pilz erkennen: Es gibt keinen ähnlichen gallertartigen Pilz, mit weichen Stacheln auf der Hutunterseite, so dass der Gallertstacheling leicht erkannt werden kann. Der seitlich gestielte, muschelförmige, aus dem morschen Holz herauswachsende, 5–8 cm grosse Fruchtkörper kann bräunlich oder gräulich gefärbt sein. Die Oberfläche ist samtig-haarig, die Beschaffenheit gallertig-zittrig. Die weisslichen bis graulichen Stacheln sind weich und biegsam. Das dicke Fleisch ist gallertig-wässrig.

Giftige Doppelgänger: Es gibt keinen ähnlichen Giftpilz.

Tips für die Küche: Dieser Pilz ohne ausgeprägtes Eigenaroma kommt dennoch wie gerufen, wenn man ein ochsenmaulsalatähnliches Gericht bereiten möchte. Dazu wird der Pilz kurz gebrüht und in eine entsprechende Marinade eingelegt. Haltbarmachung ist möglich durch Einfrieren, Einwecken und Einlegen in Essig. Nicht roh essen.

Kuhmaul, Grosser Gelbfuss (Gomphidius glutinosus) **sehr gut**

Den Pilz erkennen: Der Pilz, der von oben dem bekannten essbaren, ebenfalls schleimigen Butterröhrling (S. 149) täuschend ähnlich sieht, aber auf der Unterseite Lamellen hat, ist das Kuhmaul. Die bei frisch gewachsenen Pilzen dick aufgequollene, durchsichtige Schleimschicht lässt sich gut abheben, und das sollte wirklich gleich im Wald gemacht werden, weil sonst alle übrigen Pilze damit verkleben. Bei älteren Hüten ist die Schleimschicht vertrocknet und nicht so auffällig. Die Hutfarbe ist Braun oder ein lilastichiges Braun (porphyr), manchmal haben alte Hüte schwarze Flecken. Die Schleimschicht, die in jungem Zustand die Lamellen, aber auch den Stiel überzieht, hinterlässt am Hutrand einen Saum und im oberen Teil des Stieles einen Schleimwulst; in beiden verfängt sich das schwarze Sporenpulver, das im Alter auch die anfänglich weisslichen Lamellen dunkel färbt. Besonderes Kennzeichen ist die sattgelbe Basis des sonst weissen Stieles. Das weiche, zarte Fleisch ist weiss, nur in der Stielbasis sattgelb.

Giftige Doppelgänger: Es gibt keinen ähnlichen Giftpilz.

Tips für die Küche: Dieser zartfleischige, aromatische Pilz eignet sich nicht nur für Misch- und Einzelgerichte, sondern auch zum Knusprigbraten in der Pfanne, weil er nicht hart wird. Haltbarmachung durch Einfrieren, Einwecken, Trocknen. Zum Einlegen in Essig und Silieren zu schade. Nicht roh essen.

Filziger Gelbfuss (Chroogomphus helveticus) **gut**

Den Pilz erkennen: Erst nach dem senkrechten Durchschneiden des Pilzes wird man erkennen, dass die Stielbasis ein anderes Gelb als das übrige Fleisch aufweist, wodurch er als Gelbfuss erkannt ist. In seiner Grösse hat er dann nur einen ähnlichen Artgenossen, den Kupferroten Gelbfuss (S. 151), der bei Kiefern wächst. Der Filzige Gelbfuss hat einen 6–10 cm grossen, filzigen, matten, manchmal feinfaserig-schuppigen Hut von ockeroranger Tönung. Die weitstehenden, etwas am Stiel herablaufenden Lamellen und der faserig-filzige Stiel haben die gleiche Farbe wie der Hut. Das dicke, orangegelbe Fleisch verfärbt sich verletzt karminrot. Der Pilz tritt gesellig auf.

Giftige Doppelgänger: Beachten Sie den sehr giftigen Orangefuchsigen Hautkopf (S. 213). Von der Farbe her kann der giftige *Spitzbuckelige Orangeschleierling* (Cortinarius speciosissimus), Abb. 413 in «700 Pilze», etwas Ähnlichkeit haben, er besitzt jedoch einen spitzgebuckelten Hut. Auch der giftverdächtige *Löwengelbe Haarschleierling* (Cortinarius limonius), Abb. 414 in «700 Pilze», ist etwas ähnlich, aber alle genannten Arten haben keine herablaufenden Lamellen, und das verletzte Fleisch verfärbt nicht karminrot.

Tips für die Küche: Dieser wohlschmeckende, dickfleischige Pilz eignet sich für Misch- und Einzelgerichte, blanchiert auch für Salat. Haltbarmachung durch Einfrieren, Einwecken, Trocknen, Einlegen in Essig und Silieren. Nicht roh essen.

Schwarzpunktierter Schneckling (Hygrophorus pustulatus) gut

Den Pilz erkennen: Der Pilz kann an seinem Standort als Massenpilz auftreten. Der Name täuscht etwas, denn die Punktierung ist durchaus nicht immer schwarz, sondern manchmal auch sehr hell bräunlich oder gräulich. Der 3–6 cm grosse Hut ist graubräunlich und in feine, anliegende Schuppen aufgebrochen; der Scheitel ist dunkler und feiner schuppig oder zusammenhängend mattfilzig. Der Rand ist breit gerippt durch die weitstehenden, dicklichen Lamellen, die etwas am Stiel herablaufen. Sie sind cremeweisslich oder weisslichgrau. Der gepustelte Stiel hat einen weisslichen Untergrund. Das weisse, weiche Fleisch ist geruchlos. Ähnlich in der Farbe, aber ohne gefärbte Pusteln ist der essbare Wohlriechende Schneckling (S. 178) mit starkem Geruch nach Bittermandeln.

Giftige Doppelgänger: Es gibt keinen ähnlichen Giftpilz.

Tips für die Küche: Wenn genügend Pilze gefunden werden, können sie wegen ihres guten Aromas für ein Einzelgericht verwertet werden, andernfalls gibt man sie einem Mischgericht, Fleischspeisen, Saucen oder Suppen bei. Haltbarmachung durch Einfrieren, Einwekken, Trocknen und Einlegen in Essig. Zum Silieren zu schade. Nicht roh essen.

Keulenfusstrichterling (Clitocybe clavipes) **gut**

Den Pilz erkennen: Der Keulenfusstrichterling erscheint in kleinen Gruppen bis November. Der 4–6 cm grosse Hut schirmt bald auf, und der Pilz nimmt dann die typische Trichterform an mit den am Stiel herablaufenden Lamellen. Dann braucht man nur noch den keulenförmigen Stiel durchzuschneiden, man wird ihn aufgeblasen hohl finden, wie es in diesem Ausmass kein anderer Pilz aufweist. Der etwas ähnliche essbare Butterrübling (S. 202) mit hohlem, aber nicht so stark aufgetriebenem Stiel ist schmächtiger. Die Hutfarbe des Keulenfusstrichterlings ist braun oder graubraun, der Hut ist kahl, der dünne Rand bisweilen weisslich. Die cremefarbenen, dünnen Lamellen sind teils gabelig zusammengewachsen. Der glatte, etwas längsfaserige Stiel ist dem Hut ähnlich gefärbt. Das weiche, weissliche Fleisch riecht etwas süsslich.

Giftige Doppelgänger: Es gibt keinen ähnlichen Giftpilz.

Tips für die Küche: Meist findet man nur so wenige Keulenfusstrichterlinge, dass man sie einem Mischgericht beigeben wird. Lohnt sich die Ausbeute, kann auch ein Einzelgericht, nach Geschmack mit Würze oder Kräutern verbessert, daraus bereitet werden. Haltbarmachung durch Einfrieren, Einwecken, Trocknen, Einlegen in Essig und Silieren. Nicht roh essen.

Gemeiner Weichritterling (Melanoleuca melaleuca) **gut**

Den Pilz erkennen: Besonders entlang der Waldwege und -strassen kann der Pilz in grösseren Gruppen vorkommen. Ab September ist er manchmal mit dem essbaren Frühlingsweichritterling (S. 27) vergesellschaftet. Der Gemeine Weichritterling hat eine Hutgrösse von 4–6 cm. Die Farbe ist in feuchtem Zustand dunkelbraun, um bei Trockenheit bis hellbraun auszubleichen. Der Hut ist kahl und matt, trockene Exemplare mit straffer Huthaut können metallisch-glänzen. Die weisslichen Lamellen sind dünn und dichtstehend. Der schlanke Stiel ist hellbräunlich gefasert und an der Basis mit weissem Myzel bekleidet. Das weissliche Fleisch ist weich und zart, im Stiel etwas faserig. Schmächtige Exemplare dieser Art können mit dem essbaren Butterrübling (S. 202) Ähnlichkeit haben, der jedoch einen hohlen Stiel hat.

Giftige Doppelgänger: Es gibt keinen ähnlichen Giftpilz. Der giftige Riesenrötling, (S. 218) oder andere ungeniessbare Rötlinge haben im Alter lachsrosa Lamellen und auffälligen Geruch.

Tips für die Küche: Der Pilz hat kein wertvolles Eigenaroma, eignet sich aber gut als Füllpilz für ein Mischgericht. Nach dem Blanchieren kann Salat daraus bereitet werden. Haltbarmachung durch Einfrieren, Einwecken, Trocknen, Einlegen in Essig und Silieren. Nicht roh essen.

Heller Riesenchampignon (Agaricus perrarus) **gut**

Den Pilz erkennen: Junge Exemplare dieses Pilzes lassen sich durchaus nicht leicht erkennen, weil sie nicht die rosa Lamellen der Champignons aufweisen, sondern cremefarbene, die dann kurzdauernd schwach graurosa, aber bald dunkelbraun umfärben. Bei flach aufgeschirmten Hüten erkennt man an den freien Lamellen in Verbindung mit dem Ring am Stiel die Gattung Champignon. Der grosse, bis 25 cm breite Hut ist ockerbraun, glatt bis fein faserschuppig. Der Ring ist auf der Unterseite mit gelblichen Schuppen besetzt. Der Stiel ist kahl oder feinschuppig, schon jung enghohl. Das weissliche, zarte Fleisch riecht angenehm aromatisch.

Giftige Doppelgänger: Als Champignon erkannt, hat dieser Pilz, besonders in der Grösse, keinen giftigen Doppelgänger. Der sehr giftige Grüne Knollenblätterpilz (S. 211) kann in der Farbe zwar bis Kupferbraun variieren, seine Lamellen sind jedoch bis ins Alter weiss, darüber hinaus hat er an der Stielbasis eine Scheide.

Tips für die Küche: Dieser feinaromatische Pilz eignet sich für Einzelgerichte, er verbessert Mischgerichte und kann Fleischspeisen, Saucen und Suppen zur Verfeinerung beigegeben werden. Haltbarmachung durch Einfrieren, Einwecken, Trocknen. Zum Einlegen in Essig und Silieren zu schade. Nicht roh essen.

Kartonfarbener Haarschleierling (Cortinarius crassus) **sehr gut**

Den Pilz erkennen: Der Pilz kommt gern in kleinen Gruppen. Sein Haarschleier ist schwach ausgeprägt und schon sehr früh vergangen, er zeigt auch nirgends violette Spuren, so dass er als Haarschleierling ziemlich schwer zu erkennen ist. Der Hut ist bald aufgeschirmt mit leicht nach innen gebogenem Rand; er zeigt eine Farbe wie graubraunes Kartonpapier und auch dessen feinkörnig-filzige Beschaffenheit. Meist ist er 6–8 cm gross, kann aber auch bis 12 cm Durchmesser erreichen. Die hellbräunlichen Lamellen haben hellere Schneiden. Der Stiel ist kurz im Verhältnis zur Hutbreite. Das weissliche Fleisch ist fest, aber zart.

Giftige Doppelgänger: Es gibt keinen ähnlichen gefährlichen Giftpilz. Um diesen Pilz genau kennenzulernen, wird man ihn aber auf jeden Fall vom Pilzberater bestätigen lassen.

Tips für die Küche: Dieser feine Pilz ist für Einzelgerichte geeignet und wird Mischgerichte verbessern wie auch Fleischspeisen, Saucen und Suppen. Haltbarmachung durch Einfrieren, Einwecken, Trocknen. Zum Einlegen in Essig und Silieren zu schade. Nicht roh essen.

Knolliger Schleierritterling (Leucocortinarius bulbiger) **gut**

Den Pilz erkennen: Die dicke Knolle des Pilzes ist zunächst ein gutes Erkennungsmerkmal. Auch Haarschleierlinge können diese aufweisen, aber sie haben rostbraunes Sporenpulver, das beim Knolligen Schleierritterling weisslich ist. Der rotbraune, mit zarten Schüppchen bedeckte Hut wird 5–10 (12) cm gross. Jung ist er halbkugelig, schirmt aber bald auf, um schliesslich wellig zu verbiegen. Der Rand ist lange nach unten eingebogen. Die jung weissen, später cremebräunlichen Lamellen sind ausgerandet oder laufen mit kleinem Zahn am Stiel herab. Der weissliche Stiel ist zartbräunlich gefasert und zeigt die markante gerandete Knolle an der Basis. Das weisse Fleisch ist zart und weich und schmeckt mild.

Giftige Doppelgänger: Es gibt keinen ähnlichen gefährlichen Giftpilz. Eventuell ähnliche ungeniessbare Haarschleierlinge würden neben dem rostbraunen Sporenpulver bitter schmecken oder einen auffallenden Geruch haben.

Tips für die Küche: Dieser zartfleischige Pilz eignet sich für Misch- oder auch Einzelgerichte sowie für Pilztorte, da er sich trocken putzen lässt und nicht viel Wasser enthält. Haltbarmachung durch Einfrieren, Einwecken, Trocknen. Zum Einlegen in Essig und Silieren zu schade. Nicht roh essen.

Zigeuner, Reifpilz (Rozites caperata) **sehr gut**

Den Pilz erkennen: Auf sauren Böden im Nadelwald kann man diesen Pilz scharenweise finden und reiche Ernte halten. Leider ist er bei trockenem Wetter sehr madig, aber wenn er bei genügend Feuchtigkeit rasch wächst und man frisch spriessende Exemplare findet, sind sie noch ohne Maden. Die jungen, kegelig-glockigen Hütchen sehen durch eine schmale Teilhülle wie am Stiel festgesäumt aus; beim Aufschirmen hinterbleibt ein dauerhafter Ring am Stiel. Der 6–12 cm grosse, hellbräunliche Hut ist noch lange am Scheitel von lilaseidigem Reif bedeckt, der die jungen Hütchen ganz umkleidet. Die blassbräunlichen Lamellen haben eine helle, gekerbte Schneide. Der Stiel ist bräunlich gefasert. Das weissliche Fleisch ist wässrig durchzogen, es schmeckt mild und hat einen schwachen, angenehmen Geruch.

Giftige Doppelgänger: Es gibt keinen ähnlichen gefährlichen Giftpilz. Der ungeniessbare *Lila Dickfuss* (Cortinarius traganus), Abb. 443 in «700 Pilze», mit safrangelbem Fleisch und üblem Geruch und andere ähnliche essbare oder nicht essbare Haarschleierlinge haben rostbraunes Sporenpulver, das beim Zigeuner rostgelb, also viel heller ist.

Tips für die Küche: Der hocharomatische Zigeuner eignet sich für die feinsten Gerichte, eine Beigabe verbessert Pilzmischgerichte, Fleischspeisen, Saucen und Suppen. Haltbarmachung durch Einfrieren, Einwecken, Trocknen. Zum Einlegen in Essig und Silieren zu schade. Nicht roh essen.

Orangeroter Graustieltäubling (Russula decolorans) **sehr gut**

Den Pilz erkennen: In Nadelwald, besonders mit Heidelbeeren, ist dieser Pilz recht häufig. Als Täubling ist er am glatten Bruch von Stiel und Fleisch zu erkennen. Hat man auch ein altes Exemplar gefunden, wird man das Grauen an Stiel, Lamellen und Fleisch erkennen. Junge Pilze mit festem, hartem, weissem Fleisch zeigen das erste Grauen über der etwas wurzelnden Stielbasis, wie es das Foto am angeschnittenen Pilz sichtbar macht. Der 5–12 cm gross werdende, orange- bis ziegelrote Hut ist feucht etwas schmierig, trocken matt und besonders an seiner Härte zu erkennen, wenn man mit dem Finger daraufdrückt. Die gelblichen, brüchigen Lamellen sind dünn und dichtstehend. Der weisse Stiel ist bald dunkel gerunzelt. Das Fleisch ist weiss und fest, später grauend.

Giftige Doppelgänger: Es gibt keinen ähnlichen Giftpilz. Täublinge gleicher Farbe können roh probiert werden: mildschmeckende sind essbar, scharfe und bittere ungeniessbar.

Tips für die Küche: Der aromatische, auch nach dem Schmoren angenehm bissfeste Pilz eignet sich für Einzelgerichte und verbessert Pilzmischgerichte sowie Fleischspeisen, Saucen und Suppen. Besonders gut für Pilztorte wegen des trockenen, festen Fleisches. Haltbarmachung durch Einfrieren, Einwecken, Trocknen. Zum Einlegen in Essig und Silieren zu schade. Nicht roh essen.

Heringstäubling (Russula xerampelina) **gut**

Den Pilz erkennen: Auf die Farbe darf man sich bei diesem Pilz nicht festlegen, denn er kommt auch in Gelb, Grün und Braun vor, je nach Standort. Im Nadelwald trifft man auf die dunkelweinrote Färbung mit meist schwarzroter Mitte. Der Hut wird 5–10 cm gross, ist jung schmierig, was man an den später trockenen Pilzen aus anhaftenden Humusteilchen noch erkennen kann. Die buttergelben, brüchigen Lamellen sind teils gabelig zusammengewachsen, die Schneiden vom Rand her bisweilen rot überzogen; nach Druck verfärben sie bräunlich ebenso wie der helle Stiel, der schön karminrot überhaucht ist. Das brüchige Fleisch ist weiss und verfärbt sich nach Anbruch rostgelb bis schmutzig braun; es riecht bei älteren Exemplaren auffallend nach Heringslake.

Giftige Doppelgänger: Es gibt keinen ähnlichen, gefährlichen Giftpilz. Gleichfarbige Täublinge können roh probiert werden: mildschmeckende sind essbar, bittere und scharfe ungeniessbar.

Tips für die Küche: Die Huthaut lässt sich zum Teil abziehen, dies sollte man auch tun, denn sie besitzt starke Färbeeigenschaften. Auch dann wird das Pilzgericht noch dunkelrotbraun aussehen, selbst wenn nur einige Exemplare einem Mischgericht beigegeben wurden. Der Geschmack der Pilze, besonders wenn nicht zu stark riechende verwendet wurden, ist aromatisch und gut. Haltbarmachung durch Einfrieren, Einwecken, Einlegen in Essig und Silieren. Nicht roh essen.

Weinroter Graustieltäubling (Russula vinosa) **gut**

Den Pilz erkennen: Dies ist ein sehr häufiger Pilz der herbstlichen Nadelwälder, besonders wenn Kiefern eingestreut sind. Er gehört in die Gruppe der Täublinge, deren Fleisch, Lamellen und Stiel im Alter grau verfärben, so dass man den Pilz in Verbindung mit dem weinroten Hut leicht bestimmen kann. Der Hut ist heller oder dunkler weinrot, der Rand bleibt lange zart weinrosa, die Mitte kann bis ockergelblich ausblassen. Der Hut wird 8–10 cm gross oder auch etwas mehr. Die Hüte sind jung halbkugelig bis gebuckelt-glockenförmig, später ausgebreitet mit nach unten gebogenem Rand, im Alter wellig aufgeschlagen mit vertiefter Mitte. Die spröden Lamellen sind weisslich bis buttergelb. Der feste weisse Stiel beginnt zuerst grau zu werden. Das brüchige weisse Fleisch schmeckt mild.

Giftige Doppelgänger: Es gibt keinen ähnlichen gefährlichen Giftpilz. Gleichgefärbte Täublinge können probiert werden: mildschmeckende sind essbar, bittere und scharfe ungeniessbar.

Tips für die Küche: Wie alle Täublinge ist der Pilz wegen seines trockenen, auch nach dem Schmoren noch bissfesten Fleisches für Einzel- und Mischgerichte, besonders auch für Pilztorte geeignet. Haltbarmachung durch Einfrieren, Einwecken, Trocknen, Einlegen in Essig und Silieren. Nicht roh essen.

Rotbrauner Milchling (Lactarius rufus) **bedingt gut**

Den Pilz erkennen: Diesen Massenpilz der herbstlichen Nadelwälder wird man in wenigen Exemplaren sammeln, wenn man Bratpilze bereiten möchte, oder in Mengen zum Silieren. Eine andere Art der Zubereitung gibt es für ihn nicht. Der ganze Pilz ist mehr oder weniger rotbraun oder ziegelbraun. Der Hut wird 3–8 cm gross, er ist jung kegelig-glockig und behält immer eine spitze Papille in der Mitte. Die dichtstehenden Lamellen laufen etwas am Stiel herab, der an der Basis oft von weissem Myzel umsponnen ist. Das Fleisch sondert nach Anschnitt oder Verletzung weisse Milch ab, die zunächst mild erscheint, nach etwa 20 Sekunden aber sehr stark auf der Zunge brennt.

Giftige Doppelgänger: Es gibt keinen ähnlichen gefährlichen Giftpilz. Farblich gleiche Milchlinge mit milder Milch sind nicht schädlich, mit bitterer oder sofort brennender Milch ungeniessbar.

Tips für die Küche: Zum Braten die Pilze zunächst halbieren und in reichlich Wasser (Eimer) über Nacht ausziehen lassen, das Wasser möglichst einmal wechseln. Pilze abtropfen und mit frischem Wasser bedeckt einmal aufkochen, wieder abtropfen. In dünner Schicht in der Pfanne von allen Seiten hellbraun braten. Die Pilze schmecken dann trotz Wässerung und Vorkochens aromatisch und gut und sind von angenehm bissfester Beschaffenheit. Die einzige Art der Haltbarmachung ist das Silieren, das den Pilz stark verbessert und als Schmorpilz verwertbar macht. Nicht roh essen.

Mohrenkopfmilchling, Essenkehrer, Schornsteinfeger, Pasterle **sehr gut**
(Lactarius lignyotus)

Den Pilz erkennen: Dieser Pilz kommt besonders in Berglagen und dort in manchen Jahren sehr häufig vor. Es gibt mehr oder weniger russbraun-samtige Milchlinge, aber keiner hat die farblich scharf abgegrenzte dunkle Stielspitze gegen die hellen Lamellen und so ausgeprägte Furchen oder Rillen an der Stielspitze wie der Mohrenkopfmilchling. Der meist 4–6 cm grosse Hut schirmt schon jung bald flach auf und behält gern in der zentralen Vertiefung eine kleine erhabene Papille. Der Hut ist dunkelbraun bis schwarzbraun-mattsamtig und vielfach aderig-gefurcht. Farbabweichungen bis sehr hellbraun, fast weisslich sind möglich. Die Lamellen sind satt cremefarben, verletzt rötlich verfärbend. Der Stiel zeigt die gleiche Farbe wie der Hut und auch seine mattsamtige Beschaffenheit. Das weissliche Fleisch und die wässrige, weisse Milch laufen an der Luft rosarötlich an. Der roh probierte Pilz schmeckt nussartig.

Giftige Doppelgänger: Es gibt keinen ähnlichen Giftpilz. Ein wegen seiner scharfen Milch ungeniessbarer, dunkelsamtiger Doppelgänger ist der *Pechschwarze Milchling* (Lactarius picinus), Abb. 531 in «700 Pilze»; ein weiterer braunsamtiger, wegen seiner bitteren Milch minderwertiger Pilz ist der *Russige Milchling* (Lactarius fuliginosus).

Tips für die Küche: Dieser Pilz mit hervorragendem Aroma sollte möglichst für ein apartes Einzelgericht dienen. Haltbarmachung durch Einfrieren und Einwekken. Zum Trocknen, Einlegen in Essig und Silieren zu schade. Nicht roh essen.

Ziegenfussporling (Albatrellus pes-caprae) **sehr gut**

Den Pilz erkennen: Hauptsächlich im Bergnadelwald erscheint dieser äusserst wohlschmeckende und fleischige Pilz. Wenn man einen Standort entdeckt hat, sollte man ihn aufmerksam absuchen, denn der Ziegenfussporling tritt gesellig auf, manchmal einzeln stehend, manchmal büschelig verwachsen. Die Oberseite des seitlich gestielten, halbrunden, meist 10–12 cm breiten Fruchtkörpers ist schokoladenbraun, von mattfilziger, fein felderig-aufgesprungener Struktur. Die Unterseite besteht aus einer weitlöcherigen weissen Porenschicht, die etwas am gelben Stiel herabläuft. Das dicke, aber zarte weissliche Fleisch schmeckt nussartig. Mit dem ungleich verbogenen und wellig-gelappten essbaren *Russgrauen Porling* (Boletopsis leucomelaena), Abb. 584 in «700 Pilze», mit leicht bitterem Geschmack ist er kaum zu verwechseln.

Giftige Doppelgänger: Es gibt keinen ähnlichen Giftpilz. Der ungeniessbare *Grüne Kammporling* (Albatrellus cristatus), Abb. 609 in «700 Pilze», mit grünen bis braunoliven Farbtönen ist an seiner Bitterkeit zu erkennen.

Tips für die Küche: Als einer der feinsten Pilze sollte der Ziegenfussporling fein aufgeschnitten besonders für aparte Einzelgerichte dienen. Zur Erhaltung von Aroma und Beschaffenheit wird Haltbarmachung durch Einfrieren oder Einwecken empfohlen. Nicht roh essen.

Schafporling, Schafeuter (Albatrellus ovinus) **gut**

Den Pilz erkennen: Im Nadelwald, bevorzugt auf Kalk- und Silikatboden, erscheint der Schafporling zu vielen miteinander verwachsen in Gruppen und Reihen. Es gibt dann Massenernten, doch wir nehmen für die Küche nur die jüngeren Exemplare mit. Die ungleich geformten, meist 10–12 cm grossen Fruchtkörper sind weisslich oder auch hellockerlich-fleischfarben getönt. Die Oberfläche ist mattfilzig, schorfig, manchmal auch felderig aufgerissen. Die Unterseite ist von der weissen, feinlöcherigen Porenschicht bedeckt, die etwas am ebenfalls weissen Stiel herabläuft. Das feste, aber zarte Fleisch ist weiss, es verfärbt an Schnittstellen später gelb und riecht angenehm pilzig. Ähnlich kann der *Semmelporling* (Albatrellus confluens) aussehen und von oben auch helle Exemplare des Semmelstoppelpilzes (S. 122), beide sind essbar.

Giftige Doppelgänger: Es gibt keinen ähnlichen Giftpilz.

Tips für die Küche: Das Pilzfleisch wird nach dem Erhitzen gelb. Für Frischgerichte wird der Pilz nur so weit benutzt, wie er sich leicht schneiden lässt. Etwas zähere Stücke können noch getrocknet werden. Ältere Pilze schmecken bitter; auf sie sollte man verzichten. Der Pilz ist für Einzel- und Mischgerichte und nach dem Blanchieren für Salat geeignet. Haltbarmachung durch Einfrieren, Einwecken, Trocknen, Einlegen in Essig und Silieren. Nicht roh essen.

Habichtspilz, Rehpilz (Sarcodon imbricatus) **bedingt gut**

Den Pilz erkennen: Der Pilz wächst gesellig in Gruppen oder Reihen, einzeln oder büschelig verwachsen. Sein grobschuppig aufgesprungener Hut erinnert an das Gefieder des Habichts, bei feinerer Struktur an ein Rehfell. Die Farbe des meist 10–15 cm grossen Hutes ist rotbraun oder dunkelschwarzbraun mit heller durchscheinendem Untergrund; er ist kaum gleichmässig rund, sondern meist ungleich wellig verbogen mit vertiefter Mitte. Der Rand bleibt lange nach unten eingebogen. Die sehr brüchigen, hellgraubräunlichen Stacheln laufen etwas am Stiel herab, der ähnlich wie der Hut gefärbt ist. Das weissliche Fleisch ist derb, hat einen würzigen Geruch und schmeckt etwas bitter. Alte Pilze sind bitter und unbekömmlich.

Giftige Doppelgänger: Es gibt zwei sehr ähnlich gefärbte und aufgeschuppte ungeniessbare Stachelpilze, die jedoch eine dunkle Stielbasis haben oder dort grün oder blau verfärben und roh probiert so stark bitter schmecken, dass man sie zum Essen gar nicht in Betracht ziehen wird. Einen ähnlichen Giftpilz gibt es nicht.

Tips für die Küche: Schon junge Pilze schmecken etwas bitter, so dass sich die Zubereitung in einer sauren Sauce empfiehlt, wodurch die Bitterkeit gemindert wird. Durch den Fleischwolf gedreht, kann der Habichtspilz Hackfleischmasse für Bouletten bis 1:1 zugegeben werden. Man verwendet nur die Teile des Pilzes, die sich leicht schneiden lassen. Haltbarmachung durch Einfrieren, Einwecken, Trocknen, Einlegen in Essig und Silieren. Nicht roh essen.

Kiefernsteinpilz, Rothütiger Steinpilz (Boletus pinicola) **sehr gut**

Den Pilz erkennen: Dass dieser grosse Röhrling zu den Steinpilzen gehört, erkennt man an der feinen, erhabenen Netzzeichnung des Stieles, die zur Spitze hin weisslich ist. Von den weiteren Steinpilzarten auf S. 93 und S. 95 unterscheidet er sich dann zunächst durch seinen Standort bei Kiefern, durch die dunkelrotbraune Hutfarbe und die besondere Dickfleischigkeit. Der Hut ist meist 12–15 cm gross und auch mehr, die Oberfläche mattsamtig, leicht grubig-runzelig. Die Röhren sind anfangs weisslich, später gelb-olivlich. Der massive Stiel ist rötlichbraungrundig mit feiner Netzzeichnung, die bräunlich sein kann, zur Spitze aber heller wird. Das weisse Fleisch ist lange fest, aber zart und erst im Alter schwammig. Ähnliche Steinpilzarten sind ebenfalls essbar.

Giftige Doppelgänger: Es gibt keinen ähnlichen Giftpilz. Vergleichen Sie die ungeniessbaren bitteren Röhrenpilze (S. 228 und S. 229).

Tips für die Küche: Junge Pilze eignen sich sehr gut für ein Einzelgericht, ältere, die etwas schleimig kochen, mehr für ein Pilzmischgeriht. Einzelpilze verfeinern Fleischspeisen, Saucen und Suppen. Haltbarmachung durch Einfrieren, bei jungen Pilzen Einwekken, Trocknen. Zum Einlegen in Essig und Silieren zu schade.

Sandröhrling (Suillus variegatus) **gut**

Den Pilz erkennen: Dieser semmelgelbe Pilz ist schon an seinem Auftreten zu erkennen, denn er kommt zur rechten Zeit an seinem Standort in vielen Exemplaren vor. Es werden nur junge und mittlere feste Pilze genommen. Der Hut ist 6–15 cm gross, von körnig-rauher Struktur, matt, nur stark nass oder alt etwas schmierig. Die sehr feinporigen Röhren haben eine eigenartige olivbraune Farbe, sie sind breit am Stiel angewachsen bis etwas herablaufend. Der Stiel ist dem Hut ähnlich gefärbt. Das orangegelbe Fleisch erinnert in der Farbe an Steckrüben oder Ananas, manchmal läuft es nach Anschnitt schwachblau an, es schmeckt mild. Andere in der Farbe ähnliche essbare Röhrlinge werden nicht die körnige Hutoberfläche aufweisen.

Giftige Doppelgänger: Es gibt keinen ähnlichen Giftpilz. Durch Hut- und Röhrenfarbe und leicht blauendes Fleisch ähnelt er etwas dem ungeniessbaren *Wurzelnden Bitterröhrling* (Boletus radicans), Abb. 54 in «700 Pilze», der roh probiert werden kann und sich durch seinen bitteren Geschmack unterscheidet.

Tips für die Küche: Der Sandröhrling hat kein ausgeprägtes Eigenaroma und dient daher als Füllpilz für ein Mischgericht. Soll aus besonders jungen Pilzen ein Einzelgericht bereitet werden, wird man es nach Geschmack mit Würze oder Kräutern verbessern. Nach Blanchieren für Salat geeignet. Haltbarmachung durch Einfrieren, Einwecken, Trocknen, Einlegen in Essig und Silieren. Nicht roh essen.

Butterröhrling, Butterpilz (Suillus luteus) **sehr gut**

Den Pilz erkennen: Der Butterröhrling ist leicht gegen ähnliche Arten abzugrenzen, denn er ist unter den braunhütigen Röhrlingen mit abziehbarer Huthaut der einzige, der einen weissen, häutigen Ring am Stiel hat. Der Hut wird 5–10 (15) cm gross und ist jung halbkugelig-gewölbt. Die schleimig-klebrige Huthaut lässt sich abziehen. Die Farbe kann gelbbraun oder schokoladenbraun sein, es gibt auch radial streifig-geflammte Abarten. Die gelben Röhren sind jung von einer weissen, häutigen Teilhülle ganz bedeckt, die nach dem Aufschirmen des Hutes am Rand abreisst und den lappigen Ring am Stiel hinterlässt, der auf der Oberseite bald mit dem ausfallenden ockerbräunlichen Sporenpulver bedeckt ist. Der weissliche Stiel ist gelbdrüsig punktiert, vollfleischig und fest. Das weisse Fleisch ist sehr zart.

Giftige Doppelgänger: Es gibt keinen ähnlichen Giftpilz.

Tips für die Küche: Diesen aromatischen Pilz grundsätzlich ohne Waschen sauberputzen, er ist besonders wasseraufsaugend, worunter sein Aroma sehr leidet. Er kann zu Einzelgerichten dienen und auch in der Pfanne hellbraun gebraten werden, ohne hart zu werden wie viele andere Pilze. Etwas weichere Exemplare finden noch gute Verwertung im Pilzmischgericht. Haltbarmachung ist durch Einfrieren, Einwecken und Trocknen möglich. Zum Einlegen in Essig und Silieren zu schade. Nicht roh essen.

Kuhpilz, Kuhröhrling (Suillus bovinus) **gut**

Den Pilz erkennen: Dieser Röhrling hat mehrere auffällige Merkmale, durch die er von ähnlich gefärbten, schmierigen, essbaren Arten unterschieden werden kann: zunächst die elastische Biegsamkeit älterer Hüte, dann die schwer vom Hutfleisch abtrennbare Röhrenschicht, die noch etwas am Stiel herabläuft, und das oft weisse Rändchen an jungen Hüten. Der Hut wird 3–10 cm gross und ist semmelbraun, gelbbraun bis rötlichbraun gefärbt. Selten ist er trocken und glänzend, sondern meist schmierig-klebrig, so dass Humusteilchen und Kiefernnadeln daran haften. Die dünne olivgelbe Röhrenschicht zeigt weite eckige Mündungen. Der schlanke und oft verbogene Stiel ist zartbräunlich gefasert und manchmal auch zu mehreren büschelig verwachsen. Das weissliche, wässrig durchzogene Fleisch schmeckt mild.

Giftige Doppelgänger: Es gibt keinen ähnlichen Giftpilz.

Tips für die Küche: Der Pilz hat die Eigenart, sich beim Erhitzen weinrot-lila zu verfärben, wodurch er einen interessanten Salat ergibt oder einer Sülze etwas Farbe verleiht. Da er kein nennenswertes Eigenaroma besitzt, ist er eher ein Füllpilz für Mischgerichte. Haltbarmachung ist durch Einfrieren, Einwecken, Trocknen und Silieren möglich. Junge Pilze, ganz belassen, eignen sich sehr gut zum Einlegen in Essig. Nicht roh essen.

Kupferroter Gelbfuss (Chroogomphus rutilus) **gut**

Den Pilz erkennen: Als zu den Gelbfüssen gehörend zeigt sich der Pilz mit der nach Anschnitt besser sichtbaren safrangelben Stielbasis. Auch das schwarze Sporenpulver, das sich in dem ringähnlichen, faserigschuppigen Wulst an der Stielspitze verfängt, deutet auf diese Gattung hin. Die Hutgrösse ist bei dieser Art ausserordentlich variabel. Es gibt Pilze mit Hüten von 1,5 cm ∅, andere mit Hüten von 10 cm ∅ und mehr. Der mattglänzend kupferbraun-rötliche Hut hat nach dem Aufschirmen immer die markante spitze Papille in der Hutmitte. Die orangerötlichen Lamellen sind im Alter vom schwarzen Sporenpulver dunkel gefärbt, sie sind dick, weitstehend und laufen etwas am Stiel herab. Sie sind in jungem Zustand von einer zartfaserigen Teilhülle bedeckt. Der Stiel ist schwachorange gefasert und weist die typische dunkelgelbe Basis auf. Ähnlich ist der essbare Filzige Gelbfuss (S. 131).

Giftige Doppelgänger: Es gibt keinen ähnlichen Giftpilz. Ungeniessbare Haarschleierlinge oder Hautköpfe haben nicht das schwarze Sporenpulver.

Tips für die Küche: Der Pilz nimmt nach dem Erhitzen eine kupferrote Farbe an. Er ist aromatisch, angenehm zart, aber noch bissfest nach dem Schmoren, so dass er gute Einzelgerichte ergibt und Mischgerichte verbessert. Haltbarmachung durch Einfrieren, Einwecken, Trocknen, der Farbe wegen Einlegen in Essig. Zum Silieren zu schade. Nicht roh essen.

Gelbbeschleierter Schneckling (Hygrophorus aureus) **gut**

Den Pilz erkennen: Eigentlich ist dieser Pilz viel zu hübsch zum Essen. Wenn dann aber unter einer einzelnen Kiefer gleich 30 Exemplare und mehr stehen, kommt man doch in Versuchung. Der schneckig-schleimige Hut junger, frisch gewachsener Exemplare und die dicklichen, weitstehenden, etwas am Stiel herablaufenden Lamellen lassen ihn schnell als Schneckling erkennen; Farbe und Standort führen dann zu der Art. Der schön orangerote Hut ist meist 3–4 cm gross, am Rand mehr ins Gelbe spielend bei dunklerem Scheitel. Eine schleimige Hülle zieht sich bei jungen Exemplaren über Hut und Lamellen bis zum Stiel und hinterlässt dort für kurze Zeit einen flachen Schleimwulst, der bald wegtrocknet. Die cremefarbenen Lamellen gehen sanft in den gleichfarbigen Stiel über, der vollfleischig ist und oft eine zugespitzte Basis aufweist. Das weisse Fleisch ist zart und weich.

Giftige Doppelgänger: Es gibt keinen ähnlichen Giftpilz.

Tips für die Küche: Aus dem wohlschmeckenden zarten Pilz kann ein apartes Einzelgericht bereitet werden, geringe Mengen wird man einem Pilzmischgericht beigeben. Haltbarmachung ist durch Einfrieren und Einwecken möglich. Zum Trocknen, Einlegen in Essig und Silieren zu schade. Nicht roh essen.

Heideschleimfuss, Brotpilz (Cortinarius mucosus) **sehr gut**

Den Pilz erkennen: Der sehr schmackhafte Heideschleimfuss kann an seinem Standort als Massenpilz auftreten. Er gehört zu den Haarschleierlingen. Der Schleier ist bei ihm jedoch nicht zartfaserig (haarig), sondern durchsichtig-schleimig und verschleimt auch den Stiel, daher die Benennung dieser Untergattung als Schleimfuss. Das rostbräunliche Sporenpulver, das die Gattung auszeichnet, verfängt sich und ist erkennbar in dem zarten Schleimgürtel, den der Schleier nach dem Aufschirmen des Hutes im oberen Stieldrittel hinterlässt. Die Hutfarbe ist rotbraun wie frischgebackenes Brot, daher der volkstümliche Name. Selbst wenn der Hut trocken seidig glänzt, kann man aus den angeklebten Humusteilchen und Kiefernnadeln noch deuten, dass er jung sehr schleimig-klebrig gewesen sein muss. Er wird 4–8 cm gross. Die jung cremefarbenen, später rostbräunlichen Lamellen haben feingekerbte Schneiden. Der weissliche Stiel zeigt neben dem Sporenstaubgürtel einen weisslichen, schleimigen Überzug und eine zugespitzte Basis. Das zartgelbliche Fleisch schmeckt mild.

Giftige Doppelgänger: Es gibt keinen ähnlichen Giftpilz. Etwas ähnlich gefärbte, ungeniessbare Schleimfüsse sind roh bitter und können probiert werden.

Tips für die Küche: Dieser aromatische Pilz eignet sich für Einzelgerichte und verbessert Mischgerichte. Zur Reinigung versuche man, die mit Schmutz verklebte Huthaut, so weit es geht, abzuziehen, die restlichen Teilchen muss man notfalls mit einem Schwamm abwischen. Haltbarmachung durch Einfrieren, Einwekken, Trocknen. Zum Einlegen in Essig und Silieren zu schade. Nicht roh essen.

Buckeltäubling (Russula coerulea) **gut**

Den Pilz erkennen: Als Täubling erkennt man diesen Pilz an den spröden, splitternden Lamellen und dem glattbrechenden, nicht fasernden Stiel. Dann ist es nicht mehr weit bis zur Artbestimmung, denn diesen typischen spitzen Buckel bei weinroter Farbe hat nur der Buckeltäubling. Sein Hut wird 4–7 cm gross und hat einen matten Seidenglanz. Der Scheitel ist etwas dunkler gefärbt. Die jung cremefarbenen Lamellen sind bei reifen Pilzen kräftig ockergelblich, nicht mit kurzen untermischt und vor dem Stiel oft gabelig zusammengewachsen. Der weisse Stiel ist bald schwammig-fleischig, so dass der Pilz ziemlich leicht erscheint im Verhältnis zu seiner Grösse. Das weissliche bis gelbliche Fleisch ist dünn und brüchig, es schmeckt mild.

Giftige Doppelgänger: Es gibt keinen Giftpilz, der mit dem Buckeltäubling Ähnlichkeit hat. Ähnlich gefärbte Täublinge können im Zweifelsfall roh probiert werden: milde sind essbar, bittere und scharfe ungeniessbar.
Tips für die Küche: Es empfiehlt sich, die Huthaut, so weit es möglich ist, abzuziehen, sie schmeckt etwas bitter. Der Pilz ist für Mischgerichte sehr gut geeignet sowie auch für Pilztorte, da er nicht viel Wasser enthält. Haltbarmachung ist möglich durch Einfrieren, Einwekken, Trocknen. Zum Einlegen in Essig und Silieren etwas zu schwachfleischig. Nicht roh essen.

Echter Reizker (Lactarius deliciosus) **gut**

Den Pilz erkennen: Als zu den essbaren Reizkern, den Blutreizkern, gehörend, erkennen wir den Pilz schnell am Austreten von etwas roter Flüssigkeit (Milch) nach Verletzungen oder Anschnitt. Beim Echten Reizker ist sie karottenrot, färbt bald in Mennigorange um und ist später graugrün, grünspanähnlich, sie schmeckt wenig bitter. Hutfarbe und Standort unter Kiefern lassen die Art dann bestimmen. Der meist 6–10 cm grosse Hut ist sehr hell orangeocker bis fleischrötlich und zeigt typische Zonung, an Frassstellen etwas grünspanig verfärbend. Junge Hüte sind rasch flach aufgeschirmt mit nach unten gebogenem Rand, schlagen sich dann bald trichterig auf mit vertiefter Mitte und am Stiel etwas herablaufenden Lamellen. Diese sind wie Hut und Stiel gefärbt und ebenfalls nach Verletzung grünspanfarben. Der Stiel ist jung kurze Zeit vollfleischig, dann bald wattig-ausgestopft bis hohl. Ähnliche Reizker mit roter Milch sind ebenfalls essbar, siehe auch S. 182–184.

Giftige Doppelgänger: Es gibt keinen giftigen Reizker mit roter Milch.

Tips für die Küche: Alle Reizker schmecken mehr oder weniger bitter. Wen dies nicht stört, der kann sie Pilzmischgerichten beigeben oder Reizkersuppe davon bereiten. Gut schmecken sie in dünner Schicht nebeneinander in der Pfanne in sehr heissem Fett hellbraun gebraten, ohne dass sie Saft ziehen. Eine Delikatesse sind ganze Reizkerhüte durch Eierteig gezogen und in Fett ausgebacken. Haltbarmachung durch Einfrieren und Einwecken im Mischgericht. Gut sind junge Hüte, ganz belassen, blanchiert und in Essig eingelegt. Nicht roh essen.

Krause Glucke, Fette Henne (Sparassis crispa) sehr gut

Den Pilz erkennen: Dieses wohlschmeckende Gebilde, das dicht neben dem Stamm alter Kiefern aus dem Erdboden wächst, ist höchstens mit der essbaren Eichenglucke (S. 94), die lockerer aufgebaut ist und weniger gekräuselte Blattspitzen zeigt, zu verwechseln. Die Krause Glucke kann 30 cm Durchmesser und mehr aufweisen und ein Gewicht von 2–5 kg haben. Das karamelfarbene, brüchige Fleisch der Spitzen ist wachsartig, der Strunk heller, dichter und weniger zerbrechlich. Der heranwachsende Fruchtkörper umschliesst gern Ästchen und anderes Substrat des Standortes, was seine Reinigung erschwert. Ältere Pilze riechen leicht seifig, der Geruch vergeht jedoch bei der Zubereitung. Alte Stücke mit faulenden, dunklen Rändern sind nicht mehr bekömmlich.

Giftige Doppelgänger: Es gibt keinen ähnlichen Giftpilz. Die unbekömmliche, entfernt ähnliche Bauchwehkoralle ist auf S. 224 abgebildet, sie endet in schlanken Ästchen, wo die Krause Glucke krause Blättchen hat.

Tips für die Küche: Zur leichteren Säuberung zerschneidet man den Pilz am besten in grobe Stücke. Manchmal hilft ein Überbrühen, um ihn elastisch zu machen, dann gibt er die umschlossenen Teilchen leichter ab. Die losen Endblättchen sind sehr gut geeignet für ein Einzelgericht oder zur Verbesserung von Mischgerichten. Das feste Strunkende ergibt eine Delikatesse, wenn man 3–4 mm dicke Scheiben davon durch Eierkuchenteig zieht und in der Pfanne von beiden Seiten hellbraun brät. Haltbarmachung durch Einfrieren und Einwecken. Ganz besonders empfohlen wird das Trocknen, da nach späterem Einweichen der Pilz wie frisch schmeckt und auch so zubereitet werden kann. Zum Einlegen in Essig und Silieren zu schade. Nicht roh essen.

Elfenbeinröhrling (Suillus placidus) **gut**

Den Pilz erkennen: Die Weymouthskiefer erkennt man, auch ohne dass man sich den Baum ansieht, an den bis zu 20 cm langen schlanken Zapfen, die am Boden liegen. Im Umkreis dieser Zapfen kann dann der Elfenbeinröhrling wachsen. Mit seiner hellen, weisslichen Hutfarbe, die kein anderer schleimiger Röhrling aufweist, ist er unverwechselbar. Mit zunehmendem Alter wird der Hut bräunlich und könnte dann, wenn man nur diese Altersstufe findet, dem essbaren Körnchenröhrling (S. 177) ähnlich sein. Der klebrige Hutschleim hält Humusteilchen fest. Die Hutgrösse beträgt meist 6–10 cm. Die jung heller, später dunkler gelben Röhren sind feinporig und laufen etwas am Stiel herab. Von dem hellgrundigen, zur Basis hin gelblichen Stiel heben sich drüsige Pünktchen ab, die anfänglich rötlich, dann dunkler gefärbt sind. Das weisslich-gelbliche Fleisch ist von zarter Beschaffenheit.

Giftige Doppelgänger: Es gibt keinen Giftpilz, der mit dem Elfenbeinröhrling Ähnlichkeit hat.

Tips für die Küche: Dieser zartfleischige Pilz ist für Einzel- und Mischgerichte geeignet. Haltbarmachung ist möglich durch Einfrieren, Einwecken, Trocknen. Zum Einlegen in Essig und Silieren zu schade. Nicht roh essen.

Hohlfussröhrling (Boletinus cavipes) **gut**

Den Pilz erkennen: An den feuchtesten Stellen unter Lärchen, wo sich das nässeliebende Sphagnummoos ansiedelt, findet man den Hohlfussröhrling. Seine Farbe kann am gleichen Standort von Hellgelb bis Hellbraun wechseln. Trotz der variablen Farbtöne ist der Pilz unverwechselbar, denn kein anderer bräunlicher Röhrling besitzt den typisch hohlen Stiel und die auffallend weiten, eckiglangen Röhrenmündungen, die fast wabenartig erscheinen und etwas am Stiel herablaufen. Als drittes Erkennungsmerkmal gilt der faserigflockige Ring, der als Rest der Teilhülle am Stiel zurückbleibt. In dieser Kombination gibt es keinen anderen Pilz. Der mattfilzige Hut wird 6–10 cm gross und ist bald flach aufgeschirmt mit kleinem zentralem Buckel. Am Hutrand verbleiben fransige Reste der faserigen Teilhülle. Unter dem ringähnlichen Faserwulst ist der Stiel bräunlich geflockt, darüber zur Spitze gelb wie die Röhren. Das gelbliche Fleisch ist weich und zart und schmeckt mild.

Giftige Doppelgänger: Es gibt keinen Giftpilz, der mit dem Hohlfussröhrling Ähnlichkeit hat.

Tips für die Küche: Der aromatische, zartfleischige Pilz eignet sich für Einzel- und Mischgerichte, zur Verfeinerung von Fleischspeisen, Saucen und Suppen. Haltbarmachung ist möglich durch Einfrieren, Einwekken, Trocknen, Einlegen in Essig. Zum Silieren zu schade. Nicht roh essen.

Goldröhrling (Suillus grevillei) **gut**

Den Pilz erkennen: Die Praxis hat gezeigt, dass der Sammler den Goldröhrling oft mit dem Butterpilz (S. 149) verwechselt. Er hat durch seinen klebrigen Hut von oben her zwar etwas Ähnlichkeit mit diesem, bei genauerem Betrachten wird man aber bald den wesentlichen Unterschied feststellen: Beim Goldröhrling bedeckt bei ganz jungen Exemplaren eine schleimige, fast durchsichtige Teilhülle die Röhren; diese hinterlässt nach dem Aufschirmen einen Schleimwulst im oberen Teil des Stiels, der bald wegtrocknet und den Stiel dann kahl erscheinen lässt. Beim Butterröhrling dagegen bedeckt eine weisse, häutige Teilhülle die jungen Röhren; sie bildet nach dem Aufschirmen des Hutes einen weissen, lappigen Ring, der im Alter ankleben, aber nicht wegtrocknen kann. Eine Verwechslung der beiden Pilze ist belanglos, da beide essbar und gleich gut sind. Der mehr ins Gelbe gehende Hut des Goldröhrlings ist meist 5–8 cm gross und mit Humusteilchen verklebt. Die Röhren sind jung heller, alt dunkler gelb. Das gelbliche Fleisch ist zart und schmeckt mild. Der *Moorröhrling* (Suillus flavidus), Abb. 31 in «700 Pilze», hat ähnliche Farben und ebenfalls eine schleimige Teilhülle, er wächst bei Kiefern auf sehr feuchtem Boden und ist ebenfalls essbar.

Giftige Doppelgänger: Es gibt keinen Giftpilz, der mit dem Goldröhrling Ähnlichkeit hat.

Tips für die Küche: Wenn sich die schmierige Huthaut leicht abziehen lässt, sollte dies geschehen, sonst muss der Schleim kräftig abgewaschen werden, notfalls mit einem kleinen Schwamm. Der zartfleischige Pilz eignet sich für Einzel- und Mischgerichte. Haltbarmachung ist möglich durch Einfrieren, Einwecken, Trocknen. Zum Einlegen in Essig und Silieren zu schade. Nicht roh essen.

Blassblauer Rötelritterling (Lepista glaucocana) gut

Den Pilz erkennen: Im Alpengebiet zählt der Pilz zu den häufiger und in grösserer Gesellschaft vorkommenden Arten; im Flachland ist er selten. Er erinnert an einen sehr blass ausgefallenen Violetten Rötelritterling (S. 194), der bedingt durch das rosa Sporenpulver in die gleiche Gattung gehört. Der Blassblaue Rötelritterling kann bis fleischrosa oder noch heller ausbleichen. Der Hut ist meist 6–10 cm gross, kahl, mit lange nach unten eingebogenem Rand. Die dichtstehenden Lamellen sind ebenfalls fleischrosa, jung etwas mehr violett. Der helle Stiel ist jung silbrig bereift, später glatt und bräunlich faserig. Das hellrosa Fleisch ist weich und zart und schmeckt mild. Etwas ähnlich sind der Veilchenrötelritterling (S. 64) und der Lilastielige Rötelritterling (S. 193), beide essbar und von gleicher Qualität.

Giftige Doppelgänger: Vergleichen Sie den Riesenrötling (S. 218), mit im Alter lachsfarbenen Lamellen und üblem Mehl-Drogen-Geruch, in lichten Buchenwäldern wachsend.

Tips für die Küche: Dieser Pilz ohne nennenswertes Eigenaroma eignet sich besonders für Mischgerichte. Aus jungen, festen Pilzen können auch Einzelgerichte bereitet werden, die man nach Geschmack aufwürzen wird. Haltbarmachung ist möglich durch Einfrieren, Einwecken, Trocknen, Einlegen in Essig und Silieren. Nicht roh essen.

Wieseltäubling (Russula mustelina) **sehr gut**

Den Pilz erkennen: Der Wieseltäubling bevorzugt Berglagen. Im Schwarzwald zum Beispiel kommt er häufig vor. Als zu den Täublingen gehörend erkennen wir ihn an den spröden, splitternden Lamellen, wenn man mit dem Fingernagel darüberstreicht, und am glattbrechenden Stiel. Als Wieseltäubling zeichnet ihn dann neben der braunen Farbe (des Wiesels) seine ganz besondere Härte aus. Wenn man mit dem Finger kräftig auf den Hut drückt, erweist sich dieser als unnachgiebig, fest und starr. Ähnlich, aber nicht ganz so fest ist der essbare Braune Ledertäubling (S. 162) mit dunklen ockerfarbigen Lamellen. Der Hut des Wieseltäublings ist meist 8–12 cm gross, dunkelgelbbraun, seltener heller, matt und trocken. Nur junge Hüte sind etwas schmierig-klebrig, wodurch Humusteilchen darauf haften bleiben. Die weisslich bis cremefarbenen Lamellen und der weisse, leicht runzelige Stiel neigen zu rostbräunlichen Flecken. Das weisse Fleisch ist fest und hart und schmeckt roh probiert nussartig.

Giftige Doppelgänger: Es gibt keinen ähnlichen Giftpilz. Ähnlich gefärbte Täublinge können im Zweifelsfalle roh probiert werden: milde sind essbar, bittere und scharfe ungeniessbar.

Tips für die Küche: Der Wieseltäubling gehört zu den besten Speisepilzen überhaupt. Er bleibt nach dem Schmoren zart bissfest und eignet sich für feine Einzelgerichte, Pilztorte und zur Verbesserung von Mischgerichten, zur Verfeinerung von Fleischspeisen, Saucen und Suppen. Haltbarmachung wird empfohlen durch Einfrieren und Einwecken. Zum Trocknen, Einlegen in Essig und Silieren zu schade. Nicht roh essen.

Brauner Ledertäubling (Russula integra) **sehr gut**

Den Pilz erkennen: Als Täubling erkennen wir diesen Pilz an den spröden, splitternden Lamellen, wenn man mit dem Fingernagel darüberstreicht, und am glattbrechenden Stiel, der nicht ausfasert. Ein guter Hinweis auf den Braunen Ledertäubling ist dann die glänzende Huthaut und der höckerig-furchige Rand älterer Exemplare. Die Farbe des 6–12 cm grossen Hutes kann unterschiedlich rotbraun, gelbbraun oder olivbraun sein, der Scheitel ist dunkler, aber oft auch ockerfleckig. Durch Klebrigkeit in jungem Zustand bleiben manchmal Humusteilchen haften. Die dicklichen, weitstehenden Lamellen erreichen in der Reife ein sattes Ockergelb. Der weisse Stiel ist feinfurchig oder aderig. Das Fleisch ist weiss, fest und brüchig. Ähnlich gefärbt ist der essbare Wieseltäubling (S. 161) mit härterem Hutfleisch und helleren Lamellen.

Giftige Doppelgänger: Es gibt keinen Giftpilz, der mit dem Braunen Ledertäubling Ähnlichkeit hat. Ähnlich gefärbte Täublinge können im Zweifelsfall roh probiert werden: milde sind essbar, bittere und scharfe ungeniessbar.

Tips für die Küche: Dieser sehr gute Pilz eignet sich für Einzelgerichte und verbessert Mischgerichte; dank seinem trockenen Fleisch ist er besonders gut für Pilztorte. Haltbarmachung wird empfohlen durch Einfrieren und Einwecken. Zum Trocknen, Einlegen in Essig und Silieren zu schade. Nicht roh essen.

Blaustielschleimfuss (Cortinarius collinitus) **mässig gut**

Den Pilz erkennen: An seinem Standort kommt der Blaustielschleimfuss gesellig vor, so dass man ein paar junge, feste davon für ein Mischgericht mitnehmen kann. Der Schleim sollte möglichst gleich im Wald abgeputzt werden, weil sonst alle übrigen Pilze damit verkleben. Es gibt einige weitere Schleimfüsse mit lilafarbigem Stielschleim. Sie sind teils essbar, teils minderwertig oder wegen Bitterkeit ungeniessbar. Der Fuss des Blaustielschleimfusses hat gelbbraune oder rostbraune Farbtöne mit dickschleimigem Überzug bei einer Hutgrösse von meist 6–10 cm. Die jung violettlichen, bald ockerbräunlichen Lamellen sind weitstehend und ausgebuchtet am Stiel angewachsen. Der violette, schleimige Stielüberzug reisst bei der Streckung des Pilzes auf und bildet dann eine Natterung oder Gürtelzonen am Stiel. Das ockerliche Fleisch ist wässrig durchzogen und weich.

Giftige Doppelgänger: Es gibt keinen Giftpilz, der mit dem mildschmeckenden Blaustielschleimfluss Ähnlichkeit hat. Trotzdem wird man sich diesen Pilz vom Pilzberater erst bestätigen lassen, bevor man ihn sammelt.

Tips für die Küche: Ein paar junge Exemplare des Blaustielschleimfusses sind willkommene Zugabe zu einem Pilzmischgericht, zu dem man gar nicht genug Arten zusammentragen kann, um den äussersten Wohlgeschmack zu erreichen. Haltbarmachung ist möglich durch Einfrieren und Einwecken, am besten im Mischgericht. Schnelles Trocknen des ziemlich feuchten Pilzes ist ebenfalls möglich. Einlegen in Essig und Silieren sind nicht besonders zu empfehlen. Nicht roh essen.

Geschmückter Gürtelfuss (Cortinarius armillatus) mässig gut

Den Pilz erkennen: Es gibt nur einen Pilz in feuchtem, moorigem Gelände mit den typischen zinnoberroten Gürtelzonen am Stiel. Eine kleinere Art (Cortinarius haematochelis) kommt in Fichtenwäldern der Alpen und Skandinaviens vor. Der Geschmückte Gürtelfuss soll nur unter Birken wachsen; vermutlich standen bei den Pilzen auf dem Bild auch Kiefern und Fichten in der Nähe, mit deren Nadeln das Basismyzel der fotografierten Pilze verwachsen ist. Der fuchsig- oder ziegelrotbraune, matt filzig-schuppige Hut wird 5–10(12) cm gross und behält lange die glockig-gewölbte Form. Der Hutrand ist vom roten Velum behangen, das nach Streckung des Pilzes auch die Gürtelzonen am rostbräunlichen Stiel bildet. Die weitstehenden rostbraunen Lamellen zeigen hellere Schneiden. Das blassbräunliche Fleisch ist geruchlos und schmeckt mild.

Giftige Doppelgänger: Es gibt keinen Giftpilz mit ziegelroten Gürtelzonen, der mit dem Geschmückten Gürtelfuss Ähnlichkeit hat. Beim büschelig wachsenden *Feuerfüssigen Wasserkopf* (Cortinarius bulliardii), Abb. 460 in «700 Pilze», dessen Geniessbarkeit nicht bekannt ist, zieht sich ein feuerroter Überzug über die ganze untere Stielhälfte, bildet aber keine Gürtel.

Tips für die Küche: Von diesem Pilz ohne nennenswertes Eigenaroma werden nur die jüngsten und besten einem Mischgericht beigegeben. Haltbarmachung ist möglich durch Einfrieren und Einwecken im Mischgericht, Trocknen, Einlegen in Essig, Silieren. Nicht roh essen.

Gelber Graustieltäubling, Moortäubling (Russula flava) sehr gut

Den Pilz erkennen: In der Pilzgesellschaft des moorigen, torfigen Geländes wird der recht häufige Gelbe Graustieltäubling nicht fehlen, der jedoch das Flachland vorzieht und nur bis etwa 800 m ü.M. in die Berglagen hochsteigt. Bei Birken wächst er besonders gern. Der leuchtend gelbe Hut wird 5–10 cm gross, ist jung halbkugelig und hat im Alter einen gerippten Rand. Anhaftende Humusteilchen zeigen, dass er jung etwas schmierig-klebrig ist, später wird die Oberfläche matt und glanzlos. Die spröden weissen Lamellen werden mit fortschreitendem Alter bis buttergelb und verfärben ebenso wie der weisse, feste Stiel zum Schluss grau. Das weisse Fleisch ist mürbe und brüchig und verfärbt im Alter ebenfalls grau. Etwas ähnlich ist der essbare, wenn auch leicht bittere Ockertäubling (S. 114).

Giftige Doppelgänger: Es gibt keinen Giftpilz, der mit dem Gelben Graustieltäubling Ähnlichkeit hat. Ebenfalls gelbe Täublinge können im Zweifelsfall roh probiert werden: milde sind essbar, bittere und scharfe ungeniessbar.

Tips für die Küche: Der aromatische und auch nach dem Schmoren angenehm bissfest bleibende Pilz eignet sich für Einzel- und Mischgerichte, besonders auch für Pilztorte. Haltbarmachung ist möglich durch Einfrieren, Einwecken, Trocknen, Einlegen in Essig und Silieren. Nicht roh essen.

Apfeltäubling (Russula paludosa) gut

Den Pilz erkennen: Mit einem Apfel hat der Pilz eigentlich nur den Glanz gemeinsam, die Hutfarbe kann sehr unterschiedlich sein: von orangeblass, orangebräunlich bis leuchtend rot und sogar weinrötlich, so dass er dann gegen den essbaren Weinroten Graustieltäubling (S. 141) schwer abzugrenzen ist, zumal er wie dieser einen äusserlich leicht grauen Stiel haben kann. Die Hutform des Apfeltäublings ist jung schwach gewölbt, bald bis 10(15) cm gross flach aufgeschirmt, im Alter ungleich wellig-aufgeschlagen mit vertiefter Mitte, der Rand dann kurz gerippt. Die Huthaut ist glänzend, leicht feucht-schmierig, sie lässt sich zu ⅔ abziehen. Die cremefarbenen Lamellen sind spröde und splittern weg, wenn man mit dem Fingernagel darüberstreicht. Der weisse Stiel kann rötlich überhaucht bis geflammt sein. Das weisse Fleisch ist mürbe und brüchig und schmeckt mild.

Giftige Doppelgänger: Es gibt keinen ähnlichen Giftpilz. Ähnlich gefärbte Täublinge können im Zweifelsfalle roh probiert werden: milde sind essbar, bittere und scharfe ungeniessbar.

Tips für die Küche: Der häufige Apfeltäubling gibt gutes Material für ein Mischgericht oder Pilztorte; aus jungen festen Pilzen kann auch ein Einzelgericht bereitet werden. Haltbarmachung ist möglich durch Einfrieren, Einwecken, Trocknen, Einlegen in Essig und Silieren. Nicht roh essen.

Maggipilz, Bruchreizker (Lactarius helvus) **Würzpilz**

Den Pilz erkennen: Wer den würzigen Maggigeschmack liebt, wird sich immer einen kleinen Vorrat an getrockneten Maggipilzen halten. An besonders feuchten Stellen, bis ins nässeliebende Sphagnummoos hinein, wächst er unter Birken und Fichten in grösseren Gruppen. Es bedarf einiger Aufmerksamkeit, um ihn als Milchling zu erkennen, denn er sondert nach Anschnitt oder Bruch nur wenig wässrige Flüssigkeit ab, die besonders bei trockenen Exemplaren leicht übersehen werden kann. Der Hut ist meist 7–12 cm gross, hellockerorange, matt und trocken, feinfilzig-schuppig, im Alter bei vertiefter Mitte wellig aufgeschlagen. Die leicht herablaufenden Lamellen und der zart weisslich bereifte Stiel sind etwas heller als der Hut. Das gelbliche Fleisch hat den markanten Maggigeruch. Ähnlich im Geruch, aber viel kleiner, ist der auch als Würzpilz verwertbare *Kampfermilchling* (Lactarius camphoratus), Abb. 557 in «700 Pilze», mit spitzpapilliertem Hut.

Giftige Doppelgänger: Es gibt keinen Giftpilz mit Maggigeruch, der mit dem Maggipilz Ähnlichkeit hat.
Tips für die Küche: Der Maggipilz würde, in grösseren Mengen verzehrt, zu Magen- und Darmbeschwerden führen können, wegen seines Maggigeschmacks ist er als Würzpilz jedoch sehr willkommen. 2–3 Hüte an einem Mischgericht von 1000 g Pilzen oder einem Gulasch von gleicher Menge sind völlig unschädlich. Haltbarmachung ist möglich durch Einfrieren oder Einwecken im Mischgericht, besonders aber durch Trocknen, weil die Würzkraft dabei erhalten bleibt. Nicht roh essen.

Waldschneckling (Hygrophorus nemoreus) **sehr gut**

Den Pilz erkennen: Es gibt im herbstlichen Wald noch weitere gelblich-orangefarbige Pilze, die, oberflächlich betrachtet, eine ähnliche Wuchsform besitzen, zum Beispiel Trichterlinge, aber bei genauerem Studieren wird man feststellen, dass die am Stiel etwas herablaufenden, cremerötlichen Lamellen des Waldschnecklings dicklich und wachsartig sind und weitstehen, woran die Gattung Schneckling zu erkennen ist. Der jung glockig-gewölbte Hut behält nach dem Aufschirmen noch lange einen meist silbrig-bereiften Bukkel und zeigt erst im Alter eine vertiefte Mitte bei aufgeschlagenem Rand, der dann zum Einreissen neigt. Die Farbe ist gelborange oder orangebräunlich. Der Hut wird bis etwa 10 cm gross, er ist auch jung nur wenig schmierig. Der schlanke, oft verbogene Stiel steckt tief im Laub und zeigt nach vorsichtigem Herausnehmen eine weiss-kleiige Spitze und eine verjüngte Basis. Das zarte weissliche Fleisch riecht leicht mehlartig und schmeckt mild. Etwas Ähnlichkeit hat der essbare Wiesenellerling (S. 190), der auf Wiesen und Weiden wächst.

Giftige Doppelgänger: Es gibt keinen ähnlichen Giftpilz. Ungeniessbare Schnecklinge von etwas ähnlicher Farbe haben einen auffallenden, üblen Geruch oder schmecken roh probiert bitter.

Tips für die Küche: Durch seinen ausgezeichneten Geschmack verfeinert der Pilz Mischgerichte und ist auch für Einzelgerichte, besonders für Pilztorte, geeignet. Haltbarmachung durch Einfrieren und Einwecken. Zum Trocknen, Einlegen in Essig und Silieren zu schade. Nicht roh essen.

Netzstieliger Hexenröhrling (Boletus luridus) **sehr gut**

Den Pilz erkennen: Dieser Pilz erscheint an seinem Standort in kleinen Gruppen. Der Hut ist 8–20 cm gross, dickfleischig, von bräunlich-gelblich-olivlicher Farbe, mattfilzig. Die Röhren zeigen nach Durchschneiden des Hutes olivgelbliche Farbe, nur die Mündungen sind rotbräunlich bis rostbraun. Der Stiel ist das markanteste Erkennungsmerkmal des Pilzes: er ist auf der ganzen Länge auffällig genetzt. Bei jungen Pilzen ist das Netz rötlich, später dunkelt es bis braunschwarz nach. Das blassgelbliche Fleisch blaut nach Anschnitt, wie der ganze Pilz auch äusserlich nach Druck und Verletzung schnell blau verfärbt. Ähnlich ist der essbare Flockenstielige Hexenröhrling (S. 49), von dem der Netzstielige Hexenröhrling ausser dem genetzten Stiel noch durch eine rote Schicht (den Röhrenboden) zwischen Röhren und Hutfleisch gut zu unterscheiden ist, die aber auch einmal fehlen kann.

Giftige Doppelgänger: Es gibt keinen gefährlichen Giftpilz, der mit dem Netzstieligen Hexenröhrling Ähnlichkeit hat.

Tips für die Küche: Zum Netzstieligen Hexenröhrling und auch einige Stunden nach der Mahlzeit darf man keinen Alkohol trinken; manche Personen reagieren mit unangenehmen allergischen Reaktionen. Der ergiebige, wohlschmeckende Pilz ist für Einzel- und Mischgerichte geeignet. Haltbarmachung ist möglich durch Einfrieren, Einwecken, Trocknen. Zum Einlegen in Essig und Silieren zu schade. Nicht roh essen.

Schwarzschuppiger Ritterling (Tricholoma atrosquamosum) gut

Den Pilz erkennen: Es gibt einige Ritterlinge mit mehr oder weniger dunkel-geschupptem Hut, die essbar sind, zum Beispiel der Erdritterling (S. 179). Von ihnen ist der Schwarzschuppige Ritterling der kräftigste, er zeigt die dunkelste Farbe und ausserdem noch, wenigstens jung, schwarze Schüppchen auf dem weissen Stiel. Der Hut ist meist 5–8 cm gross, jung kegelig-gewölbt, bald flach und wellig aufgeschlagen. Die graulichen Lamellen sind weitstehend und zeigen manchmal rötliche Verfärbung, die durch Pilzbefall entstehen kann. Das hat keinen Einfluss auf die Geniessbarkeit. Das weissliche Fleisch riecht gewürzhaft-aromatisch.

Giftige Doppelgänger: Ebenfalls auf Kalk wächst der ähnliche, noch kompaktere giftige Tigerritterling (S. 219), der stark mehlartig riecht und keine schwärzlichen Schüppchen am Stiel aufweist. Die in der Farbe etwas ähnlichen, ungeniessbaren Pilze *Schärflicher Ritterling* (Tricholoma sciodes), Abb. 175 in «700 Pilze», und *Brennender Ritterling* (Tricholoma virgatum), Abb. 176 in «700 Pilze», haben roh probiert einen scharfen Geschmack.

Tips für die Küche: Der Schwarzschuppige Ritterling ist durch Massenvorkommen ergiebig und bei seinem guten Geschmack für Misch- und Einzelgerichte, für Pilztorte, blanchiert auch für Salat geeignet. Haltbarmachung ist möglich durch Einfrieren, Einwecken, Trocknen, Einlegen in Essig und Silieren. Nicht roh essen.

Riesenscheidenstreifling, Doppeltbescheideter Wulstling **gut**
(Amanita inaurata)

Den Pilz erkennen: Die zwölf weiteren Scheidenstreiflingsarten, von denen keine als giftig bekannt ist, zeigen auf ihrem gerieften Hut keine flockig-warzigen Hüllreste, wie es bei dem Riesenscheidenstreifling der Fall ist. Wenn er von oben, gerade durch diese Flocken, etwas Ähnlichkeit hat mit dem essbaren Perlpilz (S. 110), so unterscheidet er sich von allen doch durch seinen markanten Stiel mit dem zweifachen Scheidenwulst an der Basis. Der Hut wird 10–15 cm gross, die Farbe variiert zwischen Gelblich und Fleischrötlich, im Alter hellt sie auf. Die freien weissen Lamellen stehen dicht. Der 15–20 cm hohe Stiel ist über dem zweifachen Scheidenwulst zart genattert. Das Fleisch ist weiss und zart und ohne nennenswerten Geruch.

Giftige Doppelgänger: Es gibt keinen Giftpilz, der mit dem Riesenscheidenstreifling Ähnlichkeit hat. Vergleichen Sie die Giftpilze Grüner Knollenblätterpilz (S. 211) und Kegelhütiger Knollenblätterpilz (S. 212).

Tips für die Küche: Dieser grosse und zartfleischige Pilz eignet sich für Misch- und Einzelgerichte. Haltbarmachung ist möglich durch Einfrieren, Einwecken, Trocknen. Zum Einlegen in Essig und Silieren zu schade. Nicht roh essen.

Blaugestiefelter Schleimkopf, Schleiereule (Cortinarius praestans) sehr gut

Den Pilz erkennen: Wenn dieser Pilz auch gebietsweise fehlt, ist er doch für diejenigen wichtig, die einen Standort kennen. Dort soll dann oft der ganze Wald voll stehen. In der Schweiz ist er häufig und kommt dort auch auf den Markt zum Verkauf. Der Hut schlüpft mehr oder weniger rotbraun aus einer weisslich-violetten Hülle heraus und breitet sich 10–15(20) cm aus. Der Hutrand bleibt längere Zeit runzelig-gerippt. Die jung weisslichen, später hellbräunlichen Lamellen sind schmal im Verhältnis zum dicken Hutfleisch; sie stehen dicht und haben eine gekerbte Schneide. Der feste helle Stiel kann bis 25 cm lang werden und eine mehr oder weniger ausgeprägt knollige Basis haben. Das Fleisch ist bei jungen Exemplaren violettlich, sonst weisslich und hat keinen nennenswerten Geruch.

Giftige Doppelgänger: Es gibt keinen Giftpilz von so stattlicher Grösse, der mit dem Blaugestiefelten Schleimkopf Ähnlichkeit hat. Man vergleiche den giftigen Riesenrötling (S. 218). Kleinere, etwas ähnliche, eventuell ungeniessbare weitere Haarschleierlinge werden durch üblen Geruch und Geschmack zu erkennen sein.

Tips für die Küche: Dieser besonders wertvolle Pilz von hervorragendem Geschmack und zartem, festem Fleisch ist neben Mischgerichten auch für die feinsten Einzelgerichte und Pilztorte geeignet. Haltbarmachung ist möglich durch Einfrieren, Einwecken, Trocknen. Zum Einlegen in Essig und Silieren zu schade. Nicht roh essen.

Weissträffel, Deutsche Trüffel (Choiromyces maeandriformis) **interessant**

Den Pilz erkennen: Die Weissträffel ist nicht selten. Man kann sie an gewissen Orten regelmässig im Fichtenwald auf Kalk finden. Sie ragt mit etwa einem Drittel des Fruchtkörpers aus der Erde und ähnelt äusserlich einer etwas verformten Kartoffel. Die Löcher in dem weisslich-bräunlichen Pilz sind ganz typisch. Nach dem Durchschneiden erkennt man die Weissträffel dann letztlich an dem weisslich-marmorierten Fleisch, das bei frischen Exemplaren geruchlos ist, später süsslich-parfümiert riecht und dann in einen süssen Verwesungsgeruch übergeht.

Giftige Doppelgänger: Es gibt keinen Giftpilz, der mit der Weissträffel Ähnlichkeit hat. Ganz junge Exemplare des ungeniessbaren *Kartoffelbovists* (Scleroderma citrinum), Abb. 582 und 583 in «700 Pilze», können ähnliches Fleisch haben, das aber schnell reift und schwärzlich wird.

Tips für die Küche: Die Weissträffel kann man in sehr dünnen Scheibchen roh auf alle feinen Sachen streuen, die schon vorher sehr gut schmeckten. Man kann die Scheibchen trocknen oder die geputzten Knollen in Rotwein einwecken, ohne dass sie dadurch besser oder schlechter werden.

Anisklumpfuss (Cortinarius odorifer) **gut**

Den Pilz erkennen: Der Nadelwald auf Kalk, besonders in Berglagen, kann den Anisklumpfuss als Massenpilz hervorbringen. In der meist kahlen oder nur mit flachem Moos bewachsenen Nadelstreu ist er mit seinen leuchtenden Farben nicht zu übersehen. Der Hut ist goldbräunlich mit kupferfarbenem Scheitel, in feuchtem Zustand schleimig-schmierig, trocken seidig-glänzend, meist 6–8 cm gross und behält längere Zeit einen nach unten gebogenen Rand. Später schlägt er bei vertiefter Mitte wellig nach oben auf. Die grünlich-gelben Lamellen zeigen in reifem Zustand eine sägeblattähnliche Schneide, wie es im Foto zu erkennen ist. Der gelbliche Stiel ist mit Velumresten befasert, in denen sich das rötlich-braune Sporenpulver verfängt. Das gelbliche Fleisch ist kompakt, aber zart, es riecht deutlich nach Anis. Der rotbraune Fleck im Pilzfleisch auf dem Foto zeigt die chemische Reaktion nach KOH.

Giftige Doppelgänger: Es gibt keinen stark nach Anis riechenden Giftpilz, der mit dem Anisklumpfuss Ähnlichkeit hat.

Tips für die Küche: Der Anisgeruch geht nach dem Schmoren weitgehend zurück, so dass der Pilz für Mischgerichte gut geeignet ist. Nach Blanchieren kann auch ein Salat daraus bereitet werden. Haltbarmachung ist möglich durch Einfrieren und Einwecken im Mischgericht, Trocknen, Einlegen in Essig und Silieren. Nicht roh essen.

Goldstieliger Pfifferling (Cantharellus lutescens) **gut**

Den Pilz erkennen: Im Nadelwald, besonders in Berglagen, wo reicher Grasbewuchs und Moos genügend Feuchtigkeit anzeigen, kann dicht bei dicht der Goldstielige Pfifferling stehen. Er wächst büschelig oder auch einzeln und dann in besonders kräftigen Exemplaren. Er hat Ähnlichkeit mit dem essbaren Trompetenpfifferling (S. 120) und der essbaren Herbsttrompete (S. 121), ist aber von beiden durch seinen goldgelben, bis zum Grund hohlen Stiel unterschieden, der breitgedrückt oder rinnigfurchig sein kann und eine zugespitzte Basis besitzt. Der dünne, wellige, ungleich aufgeschlagene, matte, furchige Hut hat einen krausen, gelappten und gekerbten Rand. Die Farbe ist dunkelgelbbraun bis braunschwärzlich. Die Unterseite zeigt schwach hervortretende, manchmal gabelig verzweigte Rippen und ist etwas heller als der Stiel. Das dünne Fleisch ist knorpelig und riecht angenehm pilzig.

Giftige Doppelgänger: Es gibt keinen ähnlichen Giftpilz.

Tips für die Küche: Der Pilz besitzt ein zartes Aroma und kann extra fein geschnitten in grösserer Menge einem Mischgericht beigegeben werden; ein paar Pilze, grob zerkleinert, machen die chinesische Sauce noch typischer. Haltbarmachung am besten durch Einwecken, danach ist jede Weiterverarbeitung möglich. Nicht roh essen.

Schweinsohr (Gomphus clavatus) **sehr gut**

Den Pilz erkennen: Wo man die vorangegangenen beiden Pilzarten fand, kann auch das Schweinsohr stehen, denn es bevorzugt ebenfalls höhere Lagen, um an seinem Standort in Massen aufzutreten. Dort wächst zur gleichen Zeit die ebenfalls kalkliebende essbare Abgestutzte Keule (S. 185), die in altem Stadium grosse Ähnlichkeit mit dem Schweinsohr haben kann. Sie ist von minderer Qualität. Das Schweinsohr wird 6–10 cm hoch und hat eine glatte, matte, ockerbräunliche Oberseite. Die Aussenseite ist fleischrosa, schwach bis kräftig lila, lilagrau oder lilabraun. Von oben her laufen die gabelig verwachsenen Leisten weit am Pilz herab, die Basis ist fast glatt und verjüngt. Das Fleisch ist weiss und zart.

Giftige Doppelgänger: Es gibt keinen ähnlichen Giftpilz.

Tips für die Küche: Das Schweinsohr zählt zu den feinsten Pilzen; sein weisses Fleisch ist zart, nach dem Schmoren noch angenehm bissfest und besitzt ein sehr gutes Aroma. Daher ist es zur Verfeinerung von Mischgerichten, ganz besonders aber für Einzelgerichte und Pilztorte geeignet. Haltbarmachung ist möglich durch Einfrieren und Einwecken. Zum Trocknen, Einlegen in Essig und Silieren zu schade. Nicht roh essen.

Körnchenröhrling (Suillus granulatus)

gut

Den Pilz erkennen: Der meist 5–8 cm grosse Hut des Körnchenröhrlings kann so goldgelb sein wie auf dem Foto, aber auch milchschokoladenbraun oder porphyrbraun wie der essbare Butterröhrling (S. 149), mit dem er auch wegen seiner gleichfalls schmierig-klebrigen Huthaut viel Ähnlichkeit hat. Er trägt jedoch keinen häutigen Ring am Stiel wie dieser, sondern zeigt am sonst glatten, weisslichen Stiel eine durch kleine, weisse Pusteln (Wärzchen) wie bereifte Stielspitze. Die gelben Röhren sondern in der Jugend und bei Feuchtigkeit wässrig-milchige Tröpfchen ab, die nach Eintrocknen braune Flecken hinterlassen. Das weisslichgelbliche Fleisch ist zart und fest.

Giftige Doppelgänger: Es gibt keinen Giftpilz, der mit dem Körnchenröhrling Ähnlichkeit hat.

Tips für die Küche: Der Körnchenröhrling sollte ohne Waschen geputzt werden, da er sonst viel Wasser aufnimmt. Er ist für Pilzmischgerichte oder als Beilage geeignet. Grosse Portionen können stark abführend wirken und Magenbeschwerden verursachen. Haltbarmachung ist möglich durch Einfrieren, Einwecken, Trocknen. Zum Einlegen in Essig und Silieren nicht gut geeignet. Nicht roh essen.

Wohlriechender Schneckling (Hygrophorus agathosmus) **gut**

Den Pilz erkennen: Davon ausgehend, dass erst viele Pilzarten zusammen ein gutes Mischgericht ergeben, wird man auch vom Wohlriechenden Schneckling die besten Exemplare mitnehmen. Er kommt häufig vor und ist durch seinen markanten Geruch nach Bittermandeln (Marzipan) gut zu erkennen. Der Hut wird 4–8 cm gross und kann von Weisslich über zartes Gelbgrau bis Olivbraun getönt sein. Er ist jung etwas schmierig, später matt. Der anfangs gewölbte Hut schlägt im Alter bei vertiefter Mitte leicht wellig auf. Die weisslichen Lamellen laufen etwas am Stiel herab. Dieser ist an der Spitze fein weiss gepustelt-bereift, sonst kahl und glatt. Das weisse Fleisch ist zart.

Giftige Doppelgänger: Es gibt keinen Giftpilz mit auffallendem Bittermandelgeruch, der mit dem Wohlriechenden Schneckling Ähnlichkeit hat. Vergleichen Sie den giftigen Laubfreundtrichterling (S. 220) und den giftigen Feldtrichterling (S. 221).

Tips für die Küche: Ein paar Exemplare des Wohlriechenden Schnecklings werden dem Pilzmischgericht eine geschmackliche Bereicherung sein. Reine Einzelgerichte sind Geschmackssache. Haltbarmachung ist möglich durch Einfrieren und Einwecken im Mischgericht, Trocknen, Einlegen in Essig und Silieren. Nicht roh essen.

Erdritterling (Tricholoma terreum) **gut**

Den Pilz erkennen: Es gibt einige weitere essbare Ritterlinge, die dem Erdritterling ähnlich sehen, zum Beispiel der Gilbende Ritterling (S. 65). Es fällt selbst dem Pilzbotaniker schwer, alle auseinanderzuhalten, da der Erdritterling auch noch von unterschiedlicher Farbe sein kann. Am gleichen Standort kann man ihn das eine Jahr mehr graubraun wie auf dem Foto finden, das andere Jahr rein grau. Der Hut wird 4–7 cm gross, ist feinfaserig-filzig, matt, jung glockig-gewölbt, später wellig-flatterig. Die hellgraubräunlichen Lamellen sind breit und mit zunehmendem Alter rostfleckig und haben gekerbte Schneiden. Der weissliche Stiel ist zartgefasert bei kleiig-bereifter Spitze. Das hellgraue Fleisch ist im Hut dünn, im Stiel bald locker-faserig und riecht nicht mehlartig wie viele ähnliche Arten.

Giftige Doppelgänger: Der nicht geniessbare *Schärfliche Ritterling* (Tricholoma sciodes), Abb. 177 in «700 Pilze», und der ungeniessbare *Brennende Ritterling* (Tricholoma virgatum), Abb. 176 in «700 Pilze», haben gefaserte, jedoch mattglänzende Hüte und schmecken roh probiert bitter und scharf. Vergleichen Sie den giftigen Tigerritterling (S. 219).
Tips für die Küche: Die Massenvorkommen machen den Pilz für die Küche interessant. Er hat ein angenehmes Aroma und kann in grösseren Mengen Pilzmischgerichten beigegeben werden. Auch für Einzelgerichte und nach Blanchieren für Salat geeignet, ebenso für Pilztorte. Haltbarmachung durch Einfrieren, Einwekken, Trocknen, Einlegen in Essig und Silieren. Nicht roh essen.

Grosser Blutchampignon, Grosser Waldchampignon (Agaricus langei) sehr gut

Den Pilz erkennen: Seinen volkstümlichen Namen erhielt der Pilz, weil sein Fleisch nach Anschnitt sofort leuchtend rosa bis blutrot anläuft. Ähnlich verfärbt sich der essbare *Kleine Blutegerling* (Agaricus silvaticus), Abb. 297 in «700 Pilze», der jedoch viel schmächtiger und nicht auf Kalk angewiesen ist. Der braunfaserig-schuppige Hut des Grossen Blutchampignons wird bis 12 (15) cm gross. Die freien Lamellen sind nur ganz jung rosa, sie werden bald trübrosa und dann dunkelbraun. Die Teilhülle hinterlässt einen häutigen Ring am Stiel, der sich nach oben abziehen lässt. Der weissliche, zartrosa behauchte Stiel hat eine knollig-verdickte Basis. Das weissliche Fleisch verfärbt nach Anschnitt sofort rot. In Grösse und Hutschuppung ist der essbare Kompostegerling (S. 40) ähnlich, er hat von Anfang an dunkelweinrote Lamellen.

Giftige Doppelgänger: Es gibt keinen Giftpilz mit rötendem Fleisch, der mit dem Grossen Blutchampignon Ähnlichkeit hat. Zwei recht seltene ungeniessbare braunschuppige Champignonarten sind an ihrem widerlich-stechenden Geruch zu erkennen.

Tips für die Küche: Der ergiebige und schmackhafte Grosse Blutchampignon eignet sich für Misch- und Einzelgerichte, für Pilztorte und nach dem Blanchieren für Salat. Haltbarmachung ist möglich durch Einfrieren, Einwecken und Trocknen. Zum Einlegen in Essig und Silieren zu schade. Nicht roh essen.

Ziegelgelber Schleimkopf, Semmelbrauner Schleimkopf (Cortinarius varius)

sehr gut

Den Pilz erkennen: Bei diesem Pilz kann neben anderen markanten Merkmalen das sehr gesellige Auftreten als Bestimmungshilfe gewertet werden. Die semmelbraunen bis fuchsigroten Hüte heben sich auffällig von der dunklen Nadelstreu ab. Der jung schmierig-klebrige Hut trocknet bald ab und ist am Rand vom Velum silbrig befasert oder auch behangen. In diesem Behang wie auch in den Cortinaresten des oberen Teils des sonst weisslichen Stiels verfängt sich das rostbraune Sporenpulver. Die Lamellen sind jung schön lila bis blaulila und zunehmend vom Sporenpulver braun gefärbt. Das weisse Fleisch ist fest, der Stiel voll.

Giftige Doppelgänger: Es gibt keinen Giftpilz, der mit dem Ziegelgelben Schleimkopf Ähnlichkeit hat. Entfernt ähnliche ungeniessbare Vertreter der grossen Gattung Haarschleierlinge (fast 400 Arten) werden nicht schön lila Lamellen bei gelbfuchsigem Hut aufweisen und sich durch üblen Geruch oder Geschmack unterscheiden lassen.

Tips für die Küche: Dieser feste, aber zartfleischige Pilz ist dank seinem guten Aroma für alle feinen Pilzgerichte und Pilztorte geeignet. Soweit sich die Huthaut leicht abziehen lässt, sollte man dies tun. Haltbarmachung ist möglich durch Einfrieren, Einwekken, Trocknen, Einlegen in Essig und Silieren. Nicht roh essen.

Lachsreizker, Alpenreizker (Lactarius salmonicolor) gut

Den Pilz erkennen: Dieser Pilz bevorzugt als Begleitbaum die Weisstanne. In Berglagen ist er häufiger als im Flachland. Durch seine nach Anschnitt orangefarbige Milch ist er gleich zu den essbaren Reizkern einzuordnen und durch seinen grubigen Stiel und die fast völlig fehlende Grünverfärbung als Lachsreizker zu erkennen. Der ganze Pilz ist mehr oder weniger ockerorange mit kräftiger gefärbten Grübchen am Stiel. Der jung nach unten eingerollte und später wellig aufgeschlagene Hut zeigt leichte Zonung. Die etwas am Stiel herablaufenden Lamellen können vor dem Stiel gabelig zusammengewachsen sein. Das helle Fleisch verfärbt sich nach Anschnitt durch die Milch karottenrot, im Stiel ist es schon jung wattig-schwammig. Es gibt weitere essbare Reizker mit roter Milch (S. 155, S. 183 und S. 184).

Giftige Doppelgänger: Es gibt keinen Giftpilz mit roter Milch, der mit dem Lachsreizker Ähnlichkeit hat. Der äusserlich etwas ähnliche ungeniessbare Birkenreizker (S. 226) hat weisse Milch.

Tips für die Küche: Wie alle Reizker schmeckt auch dieser etwas bitter. Einige Exemplare können einem Mischgericht beigegeben werden. Spezialrezepte für Reizker sind: Pilzhüte paniert gebraten; Pilzhüte grob zerteilt und in dünner Schicht in reichlich heissem Fett in der Pfanne gebraten (ohne jegliche Flüssigkeit!); Reizkersuppe; junge Reizker blanchiert in Essig eingelegt. Haltbarmachung ist möglich durch Einfrieren und Einwecken im Mischgericht, Einlegen in Essig, Silieren. Nicht roh essen.

Fichtenreizker (Lactarius deterrimus) **gut**

Den Pilz erkennen: Der Fichtenreizker ist der häufigste unter den essbaren Reizkern. Er braucht Kalk, ist aber schon mit Spuren davon zufrieden, so dass er auch in sauren Fichtenwäldern entlang der Waldstrasse erscheinen kann, wenn diese mit Kalksteinen geschottert ist. Der ganze Pilz ist mehr oder weniger orangefleischrötlich und neigt in allen Teilen zur Grünverfärbung. Der Hut ist jung nach unten eingerollt, später flach aufgeschirmt bis wellig-verbogen. Die Lamellen sind kurz vor dem Stiel gabelig zusammengewachsen. Das helle Fleisch verfärbt durch den Saftaustritt karottenrot, es ist mürbe und brüchig, im Stiel wattig-schwammig. Ähnliche essbare Reizker auf S. 155, S. 182 und S. 184.

Giftige Doppelgänger: Es gibt keinen Giftpilz mit karottenroter Milch, der mit dem Fichtenreizker Ähnlichkeit hat. Vergleichen Sie den ungeniessbaren Birkenreizker (S. 226) mit weisser Milch.

Tips für die Küche: Die leichte Bitterkeit des Pilzes erfordert die für Reizker entwickelten Spezialrezepte: Pilzhüte paniert gebraten; Pilzhüte grob zerteilt und in dünner Schicht in reichlich heissem Fett in der Pfanne gebraten (ohne jegliche Flüssigkeit!); Reizkersuppe; junge Reizker blanchiert in Essig eingelegt. Haltbarmachung ist möglich durch Einfrieren und Einwecken im Mischgericht, Einlegen in Essig und Silieren. Nicht roh essen.

Südlicher Blutreizker (Lactarius sanguifluus) **gut**

Den Pilz erkennen: Dieser Vertreter der Blutreizkergruppe ist durch seine von Anfang an nach Anschnitt weinrötliche Milch von den weiteren essbaren Reizkern zu unterscheiden, die karottenrote Milch haben. Der ganze Pilz ist von weinrötlicher bis orangepurpurner Färbung mit Beimischung von Grüntönen. Der gezonte Hut ist jung nach unten eingerollt, dann flach aufgeschirmt bis wellig-verformt. Die etwas am Stiel herablaufenden Lamellen sind teils gabelig zusammengewachsen. Der Stiel ist blasslila bereift und kann kräftiger gefärbte Grübchen aufweisen. Das Fleisch zeigt nach Anschnitt weinroten Saftaustritt, es ist mürbe und brüchig, im Stiel wattig-schwammig. Weitere essbare Reizker auf S. 155, S. 182 und S. 183.

Giftige Doppelgänger: Es gibt keinen giftigen Reizker (Milchling) mit roter Milch. Vergleichen Sie den Birkenreizker (S. 226) mit weisser Milch.

Tips für die Küche: In die Pilzliteratur hat sich der Irrtum eingeschlichen, dieser Reizker sei sehr wohlschmeckend. Er hat jedoch etwa den gleichen Geschmack wie die anderen Reizker auch und ist daher am besten nach einem Spezialrezept zuzubereiten: Pilzhüte paniert gebraten; Pilzhüte grob zerteilt und in dünner Schicht in reichlich heissem Fett in der Pfanne gebraten (ohne jegliche Flüssigkeit!); Reizkersuppe; junge Reizker blanchiert in Essig eingelegt. Haltbarmachung ist möglich durch Einfrieren und Einwecken im Mischgericht, Einlegen in Essig und Silieren. Nicht roh essen.

Abgestutzte Keule (Clavariadelphus truncatus) **gut**

Den Pilz erkennen: In so jungem, für Speisezwecke geeignetem Zustand kann man den Pilz schon nach dem Foto allein erkennen. Später überzieht sich die gelb-orange Aussenschicht mit ockerlila Tönen, die anfangs glatten Fruchtkörper runzeln stark bis zu angedeuteter Leistenbildung, so dass sie dann grosse Ähnlichkeit mit dem essbaren Schweinsohr (S. 176) haben können, das am gleichen Standort wächst. Das weissliche, etwas wässrig durchzogene Fleisch der Abgestutzten Keule ist weich und schmeckt süsslich. Andere entfernt ähnlichen Keulen, die jedoch nicht so abgeplattet sind, haben mindere Speisequalität, zum Beispiel die *Herkuleskeule* (Clavariadelphus pistillaris), Abb. 595 in «700 Pilze».

Giftige Doppelgänger: Es gibt keinen Giftpilz, der mit der Abgestutzten Keule Ähnlichkeit hat.

Tips für die Küche: Der süssliche Pilz ist für Mischgerichte geeignet, blanchiert auch für Salat. Mit saurer Sauce kann er an das Spezialgericht «Saure Kutteln» erinnern, besonders wenn er fein streifig aufgeschnitten wird. Haltbarmachung ist möglich durch Einfrieren und Einwecken im Mischgericht, Trocknen, Einlegen in Essig und Silieren. Nicht roh essen.

Rötlicher Gallerttrichter (Tremiscus helvelloides) **interessant**

Den Pilz erkennen: Dieser gallertartige Pilz wächst in dichten Büscheln und gesellig, wo er Kalk im Nadelwald findet, und sei es auch nur entlang der mit Kalksteinen geschotterten Strassen. Ein Büschel davon reicht schon aus, um ein Überraschungsessen herzustellen. Die Farbe der muschel- oder trichterförmigen Fruchtkörper ist ein mattes Orange-Rosa, die Stielbasis ist heller, bis weisslich. Der Rand ist glatt oder wellig und nach unten eingebogen. Oberfläche und Aussenseite sind matt und kahl.

Giftige Doppelgänger: Es gibt keinen Giftpilz, der mit dem Rötlichen Gallerttrichter Ähnlichkeit hat.

Tips für die Küche: Dank seiner gallertartigen Beschaffenheit eignet sich der Pilz als interessante Einlage in chinesischer Sauce, blanchiert als Salat, auch als süsser Salat mit Orangen, Ananas und Weintrauben, besonders aber für «Ochsenmaulsalat» nach dem Originalrezept zubereitet. Haltbarmachung am besten durch Einlegen in Essig. Nicht roh essen.

Rissigweisser Ellerling, Jungfernellerling (Camarophyllus virgineus) **gut**

Den Pilz erkennen: Auf der gleichen Wiese, wo der Rissigweisse Ellerling steht, können der zarter gebaute essbare *Glasigweisse Ellerling* (Camarophyllus niveus), Abb. 111 in «700 Pilze», und an feuchteren Stellen auch der weissliche, stark nach Zedernholz riechende und deshalb als Speisepilz nicht zu empfehlende *Juchtenellerling* (Camarophyllus russocoriaceus), Abb. 110 in «700 Pilze», wachsen. Der Rissigweisse Ellerling hat einen markant gebuckelten Hut und ist unter dem Scheitel besonders dickfleischig. Am rechten Exemplar des Fotos sieht man, wie der Hut bereits rissig aufzubrechen beginnt. Der ganze Pilz ist creme-weisslich. Die dicklichen Lamellen laufen etwas am Stiel herab, der kahl und mattglänzend ist. Das weisse Fleisch ist zart und geruchlos.

Giftige Doppelgänger: Gewarnt werden muss vor weissen giftigen Trichterlingen wie Laubfreundtrichterling (S. 220) und Feldtrichterling (S. 221), die ausser anderen Merkmalen dünnere und dichter stehende Lamellen haben.

Tips für die Küche: Dieser schmackhafte Pilz hilft ein Mischgericht zu verbessern. Für Einzelgerichte ist er ebenfalls geeignet, wie auch blanchiert für Salat. Haltbarmachung ist möglich durch Einfrieren, Einwekken, Trocknen, Einlegen in Essig. Zum Silieren zu schade. Nicht roh essen.

Wiesenellerling, Orange-Ellerling (Camarophyllus pratensis) **gut**

Den Pilz erkennen: Besonders wo die Wiese an den Wald grenzt, fühlt sich dieser Pilz wohl. Dort kommt er gesellig in kleinen Gruppen. Der anfangs flache oder gebuckelte Hut schlägt im Alter nach oben auf. Er wird 4–6 cm gross und ist kahl und trocken, manchmal etwas seidig-glänzend. Die Farbe variiert zwischen Orangefuchsig bis Hellbräunlich. Die creme- bis blassorangefarbenen, dicklichen Lamellen laufen an der Stielspitze herab. Der kahle glatte Stiel ist weisslich oder mit etwas Hutfarbe getönt. Das Fleisch ist zart und fast geruchlos.

Giftige Doppelgänger: Es gibt keinen Giftpilz, der mit dem Wiesenellerling Ähnlichkeit hat.

Tips für die Küche: Dieser wohlschmeckende Pilz verbessert Mischgerichte und ist auch für Einzelgerichte und besonders für Pilztorte geeignet. Haltbarmachung ist möglich durch Einfrieren, Einwecken, Trocknen. Zum Einlegen in Essig und Silieren zu schade. Nicht roh essen.

Grösster Saftling (Hygrocybe punicea) **sehr gut**

Den Pilz erkennen: Von diesem schönen Pilz kann man in manchen Jahren 100 Exemplare und mehr auf einer Wiese finden, wenn man Glück hat, noch ehe der Frost über Nacht hereinbricht und sie erfrieren. Die Farbe des bis 10 cm gross werdenden Hutes variiert zwischen leuchtend scharlach- und orangerot und blasst später stark aus, so dass die Hüte trüb fleischocker erscheinen. Die Hutoberfläche ist manchmal etwas schmierig, manchmal auch trocken und leicht schülferig oder feinfaserig. Die breiten, dicklichen Lamellen stehen weit auseinander und sind sattgelb bis gelborange. Der gelbliche Stiel ist mit Hutfarbe überfasert und zeigt als markantes Merkmal eine weisse Basis. Das zarte Fleisch ist gelb und in der Stielbasis weiss. Der essbare Kirschrote Saftling (S. 192) ist kleiner und hat keine weisse Stielbasis.

Giftige Doppelgänger: Es gibt keinen Giftpilz, der mit dem Grössten Saftling Ähnlichkeit hat. Der viel kleinere, ebenfalls rote, ungeniessbare *Bittere Saftling* (Hygrocybe reai), Abb. 119 in «700 Pilze», schmeckt roh probiert bitter.

Tips für die Küche: Dieser erstklassige Pilz eignet sich für die feinsten Gerichte. Mit wenig Gewürz in Butter geschmort, entwickelt er sein volles Aroma. Haltbarmachung ist möglich durch Einfrieren und Einwecken. Zum Trocknen, Einlegen in Essig und Silieren zu schade. Nicht roh essen.

Kirschroter Saftling (Hygrocybe coccinea) **sehr gut**

Den Pilz erkennen: Der Kirschrote Saftling ist recht verbreitet und kommt an seinem Standort in vielen Exemplaren vor. Wegen des aparten Geschmacks wird man einige zur Aufbesserung eines Mischgerichtes mitnehmen. Der gebuckelte, leuchtend rote bis kirschrote Hut lässt den Pilz auch in höherem Gras erkennen. Er bleicht bald bis fleischocker aus und hat dann nur noch einen roten Hutrand; das ist typisch für die Art. Die weitstehenden hellroten Lamellen haben gelbe Schneiden. Der Stiel changiert in Rot- und Gelbtönen. Das rötliche Fleisch ist zart und fast geruchlos. Ähnlich, aber grösser ist der essbare Grösste Saftling (S. 191) mit weisser Stielbasis.

Giftige Doppelgänger: Es gibt keinen Giftpilz, der mit dem Kirschroten Saftling Ähnlichkeit hat. Der viel kleinere, ebenfalls rote, ungeniessbare *Bittere Saftling* (Hygrocybe reai), Abb. 119 in «700 Pilze», schmeckt roh probiert bitter.

Tips für die Küche: Wenn genügend Pilze für ein Einzelgericht gefunden werden, ist das Schmoren in etwas Butter zu empfehlen. Ein Mischgericht wird durch die Zugabe des Kirschroten Saftlings verbessert. Haltbarmachung ist möglich durch Einfrieren und Einwecken. Zum Trocknen, Einlegen in Essig und Silieren zu schade. Nicht roh essen.

Lilastieliger Rötelritterling, Maskenritterling (Lepista personata) **gut**

Den Pilz erkennen: Dies ist ein richtiger Massenpilz, den man schon an seinem geselligen Vorkommen erkennen kann. Er wächst in dichten Büscheln knäuelig verwachsen oder in Reihen und Kreisen. Ist der lila Stiefel farblich gut ausgeprägt, macht die Bestimmung keine Schwierigkeiten; er kann aber auch entfärbt und blass wie der Hut sein, aber irgendwo wird man ein junges Exemplar mit dem lila Stiefel finden. Der bis 15 cm grosse Hut ist ocker-karamelfarben, glatt und kahl, der Rand bleibt lange nach unten eingerollt. Die dichtstehenden Lamellen sind etwas heller als der Hut. Das weissliche Fleisch ist wässrig durchzogen und kann bei Nässe viel Wasser aufnehmen.

Giftige Doppelgänger: Haarschleierlinge könnten Lilatöne und Dickfleischigkeit aufweisen, sie haben jedoch rostbraunes Sporenpulver, der Lilastielige Rötelritterling dagegen rosafarbenes.

Tips für die Küche: Der Pilz kann in grösseren Mengen Pilzmischgerichten beigegeben werden und eignet sich, nach Geschmack gewürzt, auch für Einzelgerichte. Blanchiert ist er gut für Salat. Haltbarmachung ist möglich durch Einfrieren, Einwecken, Trocknen, Einlegen in Essig, Silieren. Nicht roh essen.

Violetter Rötelritterling, Nackter Ritterling (Lepista nuda) gut

Den Pilz erkennen: Der Pilz ist selten so schön lila, wie man ihn auf Pilzzeichnungen abgebildet sieht. Findet man ihn dann wirklich in so leuchtender Farbe, stellen ihn manche Mykologen als eigene Art oder Form dar. Der Violette Rötelritterling hat meist einen lilabraunen oder gar fleischbraunen Hut, in Trockenzeiten kann er bis Hell- oder Graulila ausbleichen. Er ist meist 8-10 cm gross. Die Lamellen sind dem Hut ähnlich getönt, behalten jedoch länger lila Farbtöne bei. Der Stiel zeigt das Violett am längsten, die Spitze ist feinflockig, die lilasilbrige Befaserung verschwindet mit fortschreitendem Alter, dann ist er kahl und glattfaserig. Das weiche Fleisch ist jung violett, später weisslich, es riecht und schmeckt etwas süss und parfümiert.

Giftige Doppelgänger: Es gibt keinen ähnlichen Giftpilz. Sehr ähnlich ist ein geniessbarer Haarschleierling, der *Purpurfleckende Klumpfuss* (Cortinarius purpurascens), Abb. 436 in «700 Pilze», und etwas ähnlich vielleicht auch ungeniessbare Haarschleierlinge; sie haben jedoch rostbraunes Sporenpulver, das beim Violetten Rötelritterling blass fleischrosa ist.

Tips für die Küche: Der Pilz ist für Misch- und Einzelgerichte geeignet. Versuchen Sie einmal «Rotkohl» daraus zu machen mit dem für dieses Gericht üblichen Gewürzen und Beigaben. Haltbarmachung ist möglich durch Einfrieren, Einwecken, Trocknen, Einlegen in Essig und Silieren. Nicht roh essen.

Nebelkappe, Herbstblattl, Graukopf (Lepista nebularis) **mässig gut**

Den Pilz erkennen: Am Waldrand und im Gebüsch, am liebsten aber dort, wo organische Verwesung stattfindet, wo der Bauer am Feldrand Mist oder Reste der Rübenmiete abgelagert hat, findet sich gesellig wachsend die Nebelkappe. Der grosse graubraune, glatte Hut wird bis 15 cm breit, der Rand bleibt lange nach unten eingebogen. Die weisslich-gelben Lamellen stehen dicht und laufen etwas am Stiel herab. Der Stiel, etwas heller als der Hut, ist gefasert bis gerillt, an der Basis verdickt und dort mit weissem Myzel und Humusteilchen verwachsen. Das weisse Fleisch strömt einen starken, aufdringlichen, von den meisten Menschen als unangenehm empfundenen Geruch aus.

Giftige Doppelgänger: Man vergleiche den giftigen Riesenrötling (S. 218), der im Alter lachsrosa Lamellen besitzt und einen üblen drogenartigen Geruch hat. Er ist eher ein Sommer/Herbst-Pilz.

Tips für die Küche: Wer den Geruch als unangenehm empfindet, sollte die Pilze erst abkochen und dann weiterverarbeiten. Wenige in einem Mischgericht schmecken nicht hervor, besser sind sie in saurer Sauce oder pikant in Essig eingelegt. Haltbarmachung ist möglich durch Einfrieren, Einwecken, Trocknen, Einlegen in Essig. Wegen der Massenvorkommen ist das Silieren besonders zu empfehlen, wodurch sogar der aufdringliche Geschmack gemindert wird. Nicht roh essen.

Frostrasling, Geselliger Ritterling, Buchele (Lyophyllum fumosum) **gut**

Den Pilz erkennen: Wenn zu dieser späten Jahreszeit graubraune, zu dichten Büscheln knäuelig verwachsene Pilze gefunden werden, wird es sich um Raslinge (rasig erscheinend) handeln. Neben dem *Knorpeligen Rasling* (Lyophyllum loricatum), Abb. 188 in «700 Pilze», mit knorpelig-zäher Huthaut, ist der Frostrasling der häufigste und bekannteste. Der jung gebuckelt-glockige Hut schlägt bald wellig nach oben auf und wird 6-8 cm gross, er ist kahl und glatt. Die dünnen, dichtstehenden Lamellen sind jung weisslich, später hell graubraun. Der meist verbogene Stiel ist glattfaserig und vollfleischig. Das feste, weissliche Fleisch riecht etwas säuerlich.

Giftige Doppelgänger: Es gibt keinen Giftpilz, der mit dem Frostrasling Ähnlichkeit hat.
Tips für die Küche: Dieser wohlschmeckende Massenpilz eignet sich für Einzel- und Mischgerichte, für Pilztorte und zur Verfeinerung von Fleischspeisen, Saucen und Suppen. Man wird recht viele davon haltbar machen: die jüngsten einfrieren oder einwecken, ältere trocknen, kleine Pilze unzerteilt in Essig einlegen und recht viele silieren. Nicht roh essen.

Becherförmiger Gabeltrichterling, Kaffeebrauner Gabeltrichterling **gut**
(Pseudoclitocybe cyathiformis)

Den Pilz erkennen: Auf Waldstrassen oder am Waldrand wächst bis zu den ersten Frösten dieser leicht bestimmbare Pilz mit der Vertiefung in der Hutmitte, die sogar schon bei jungen Exemplaren ausgeprägt ist. Der meist 4–5 cm grosse Hut und auch der Stiel haben kaffeebraune Farbe, sie sind glatt und kahl. Die bräunlichen Lamellen sollen eigentlich, besonders vor dem Stiel, gabelig zusammengewachsen sein; ich habe sie jedoch viel öfter ungegabelt gefunden. Das bräunliche Fleisch ist weich und wässrig durchzogen und ohne auffälligen Geruch.

Giftige Doppelgänger: Es gibt keinen Giftpilz, der mit dem Becherförmigen Gabeltrichterling Ähnlichkeit hat.
Tips für die Küche: Dieser Pilz wird uns zu seiner Zeit für ein Mischgericht willkommen sein und kann diesem in grösseren Mengen beigegeben werden. Blanchiert ist er auch gut für Pilzsalat. Haltbarmachung ist möglich durch Einfrieren, Einwecken, Trocknen, Einlegen in Essig. Zum Silieren nicht ergiebig genug. Nicht roh essen.

Austernseitling (Pleurotus ostreatus) **gut**

Den Pilz erkennen: Über den Winter bis in den Frühling hinein wächst dieser Pilz während frostfreier Tage an Stümpfen von Laubholz oder auch meterhoch über der Erde an kranken Stellen (Wetterseite) lebender Bäume. Die Fruchtkörper sind halbrundmuschelförmig dicht übereinander angeordnet, ungestielt oder mit kurzem Stielansatz. Die Farbe kann von Bläulich, Gelblich bis Braun variieren. Die weisslichen Lamellen sind dünn und dichtstehend. Das weisse Fleisch ist jung weich, aber bald zäh, zum Stielansatz hin fester bis korkig werdend. Nur junge, zartfleischige Pilze kommen für die Küche in Frage, ältere zähe riechen unangenehm nach Fisch.

Giftige Doppelgänger: Es gibt keinen Giftpilz, der mit dem Austernseitling Ähnlichkeit hat. Ungeniessbare Holzbewohner mit Lamellen würden durch unangenehmen Geruch oder korkig-holziges Fleisch zu erkennen sein.

Tips für die Küche: Der Pilz ist für Einzel- und Mischgerichte geeignet, für Pilztorte und nach dem Blanchieren für Salat. Durch den Fleischwolf gedreht kann er bis 1:1 Hackfleisch zugegeben werden für Pilzhackbraten oder -bouletten. Haltbarmachung ist möglich durch Einfrieren und Einwecken, Trocknen, Einlegen in Essig und Silieren. Nicht roh essen.

Shiitake (Lentinus edodes) **Würzpilz**

Den Pilz erkennen: Da der Pilz in Deutschland und der Schweiz von vielen Pilzfreunden an Holzabschnitten gezüchtet wird – von Liebhabern wurden auch schon Stümpfe im Wald damit beimpft und beerntet – kann er uns eines Tages auch in der freien Wildbahn begegnen, obwohl Japan seine Heimat ist. Der meist 8–10 cm grosse Hut ist rotbräunlich oder dunkelbraun, mattfilzig bis feinschuppig, jung am Hutrand mit weisslichen, spitzdreieckigen Flöckchen besetzt. Die jung weisslichen, später cremefarbenen bis bräunlichen Lamellen stehen dicht und sind breit angewachsen. Der Stiel ist dem Hut ähnlich gefärbt, wollig-filzig oder matt-schuppig. Das dicke, feste Fleisch ist weiss und riecht lauch- bis rettichartig.

Giftige Doppelgänger: Es gibt keinen Giftpilz, der mit dem Shiitake Ähnlichkeit hat. Ungeniessbare Holzbewohner mit Lamellen wären durch holzig-korkiges Fleisch zu erkennen und würden nicht die typischen weisslichen, spitzdreieckigen Flöckchen am Hutrand aufweisen.

Tips für die Küche: Dieser Pilz kann frisch zubereitet werden, er gibt jedoch erst sein Bestes nach dem Trocknen. Dann entwickelt er ein Aroma, das an eine Mischung von Maggi und Knoblauch erinnert und besonders für chinesische Rezepte willkommen ist, aber auch jedem anderen Pilz- oder Fleischgericht, Saucen und Suppen eine pikante Würze gibt. Daher wird Trocknen allein als Haltbarmachung empfohlen. Nicht roh essen.

Samtfussrübling, Winterrübling (Flammulina velutipes) gut

Den Pilz erkennen: Wo Weiden entlang der Flüsse stehen, wird man im Winter auch den Samtfussrübling finden, an Ästen, die am Boden liegen, an Stümpfen oder Schnittstellen und an beschädigten Stämmen und Ästen. Er wächst dichtbüschelig aus dem Holz hervor. Die Hüte sind meist 4–6 cm gross, fassen sich fettig-speckig an und sind gelbbraun bis rotbräunlich gefärbt. Die ockergelblichen Lamellen sind ziemlich breit. Der braunsamtige Stiel ist das markanteste Erkennungsmerkmal des Pilzes. Das zarte weissliche Fleisch riecht etwas unangenehm dumpf-fischig.

Giftige Doppelgänger: Es gibt keinen Giftpilz, der mit dem Samtfussrübling Ähnlichkeit hat; nicht zu dieser Jahreszeit und nicht mit samtigem Stiel.

Tips für die Küche: Der etwas eigenartige Geruch geht beim Schmoren zurück, so dass der Pilz für Einzel- und Mischgerichte geeignet ist. Er ist ziemlich weichfleischig, weshalb er auch in der Pfanne knusprig gebraten werden kann, ohne dass er hart wird. Haltbarmachung durch Einfrieren, Einwecken, Trocknen, Einlegen in Essig. Für Silieren nicht ergiebig genug. Nicht roh essen.

Anistrichterling (Clitocybe odora) **mässig gut**

Den Pilz erkennen: Ein graugrüner Pilz mit starkem Anisgeruch kann im spätherbstlichen Wald nur der Anistrichterling sein. Der ganze Pilz ist etwa von gleicher Farbe, feucht dunkler, trocken heller graugrün. Der Hut kann gezont sein, schon bald zeigt er eine vertiefte Mitte und wellig aufgeschlagenen Rand. Die Grösse variiert zwischen 4 und 10 cm. Die Lamellen sind breit und laufen wenig am Stiel herab. Dem blassgrünlichen Fleisch entströmt der unverkennbare Anisgeruch. Das eingeblendete Foto zeigt Verformungen, die bei diesem Pilz nicht selten sind. Wie es auch bei anderen Arten der Fall ist, können nach dem Ausfallen des grünen Farbstoffes aus dem gleichen Myzellager auch reinweisse Fruchtkörper unter Beibehaltung des starken Anisgeruchs wachsen.

Giftige Doppelgänger: Es gibt keinen Giftpilz, der mit dem Anistrichterling Ähnlichkeit hat. Bei ganz hellen Formen davon vergleiche man den giftigen Laubfreundtrichterling (S. 220) und den giftigen Feldtrichterling (S. 221), beide ohne Anisgeruch.
Tips für die Küche: Einige Pilze sind für ein Mischgericht eine Aromabereicherung. Für Einzelgerichte wird der Anisgeschmack zu stark sein. Haltbarmachung ist möglich durch Einfrieren und Einwecken im Mischgericht, Trocknen. Nicht roh essen.

Butterrübling (Collybia butyracea) **gut**

Den Pilz erkennen: Selbst bei Frost steht er mit vielen Exemplaren noch erntebereit, meist in Gesellschaft des Violetten Rötelritterlings (S. 194) und anderen Spätherbstpilzen im Wald. Er ähnelt dem etwas grösseren essbaren Keulenfusstrichterling (S. 133) und dem essbaren Gemeinen Weichritterling (S. 134), der jedoch einen vollen Stiel hat. Der Hut des Butterrüblings ist meist 4–6 cm gross, rotbraun, kahl und matt und schon jung bald flach aufgeschirmt. Die weisslichen Lamellen zeigen eine gekerbte Schneide. Der bräunliche Stiel ist jung weisslich bereift, später kahl, faserig, knorpelig und innen hohl. Das weiss-wässrige Fleisch hat keinen nennenswerten Geruch.

Giftige Doppelgänger: Es gibt keinen Giftpilz, der mit dem Butterrübling Ähnlichkeit hat. Ähnlich gefärbte ungeniessbare Rüblinge würden sich, roh probiert, durch bitteren oder scharfen Geschmack unterscheiden.

Tips für die Küche: Der nicht sehr ergiebige Pilz wird trotzdem zu seiner späten Erscheinungszeit für Mischgerichte willkommen sein. Nach dem Blanchieren ist er auch für Salat geeignet. Haltbarmachung ist möglich durch Einfrieren, Einwecken, Trocknen, Einlegen in Essig; zum Silieren nicht ergiebig genug. Nicht roh essen.

Tränender Saumpilz (Psathyrella velutina) **Würzpilz**

Den Pilz erkennen: Meist an Wegen entlang, an verwahrlosten Stellen in Nähe des Waldes, an Wanderparkplätzen und in Parkanlagen kommt im Spätherbst für ein paar Tage ein starker Schub des Tränenden Saumpilzes. Der Hut kann ockergelblich, hell- bis mittelbräunlich, aber auch orangebraun gefärbt sein, er ist faserig-schuppig oder filzig-faserig. Von der zartfaserigen Teilhülle, die jung die Lamellen bedeckt, bleibt ein fransiger Behang am Hutrand und ein feiner Schleierrest am Stiel zurück; in beiden verfängt sich das schwarzbraune Sporenpulver. Die bis schwarzbraun werdenden Lamellen haben weissflockige Schneiden und sind bei feuchtem Wetter mit Tröpfchen (Tränen) besetzt. Der schlanke Stiel ist weisslich, etwas braunfaserig mit blasser Spitze und hohl. Das ockerbräunliche Fleisch schmeckt etwas zusammenziehend.

Giftige Doppelgänger: Es gibt keinen Giftpilz, der mit dem Tränenden Saumpilz Ähnlichkeit hat.
Tips für die Küche: Der Pilz hat ein sehr kräftiges Aroma, so dass schon einige Exemplare ein Mischgericht verbessern. Grosse Mengen sollten davon nicht verzehrt werden. Sehr gut ist er auch knusprig gebraten wie Zwiebelringe und wie diese verwendet. Haltbarmachung ist möglich durch Einfrieren und Einwekken im Mischgericht, Trocknen. Nicht roh essen.

Schwarzfaseriger Ritterling, Schneepilz, Russkopf **sehr gut**
(Tricholoma portentosum)

Den Pilz erkennen: Um diese Jahreszeit gibt es keinen ähnlichen Pilz im winterlichen Nadelwald, der Frost und Schnee verträgt, so dass der Pilz mit dem schwarzgefaserten Hut leicht zu bestimmen ist. Die Grundfarbe kann von Hell- bis Dunkelgrau variieren und leichte Gelb-, Grün- oder Lilatöne zeigen. Die Hüte sind bald aufgeschirmt und schon frühzeitig wellig-verbogen sowie niemals gleichmässig gerundet. Die Lamellen und der kahle, glatte Stiel sind weiss und werden erst im Alter gelblich oder graugelblich. Das weissliche Fleisch ist zart und riecht etwas nach Mehl.

Giftige Doppelgänger: Es gibt zu dieser Jahreszeit keinen Giftpilz, der mit dem Schwarzfaserigen Ritterling Ähnlichkeit hat. Man vergleiche den Tigerritterling (S. 219) mit schuppigem Hut und früherer Erscheinungszeit.

Tips für die Küche: Der Pilz hat ein ausgezeichnetes Aroma und eignet sich für Misch- und Einzelgerichte, besonders auch für Pilztorte. Die Huthaut wird abgezogen, soweit sie sich leicht abziehen lässt. Haltbarmachung ist möglich durch Einfrieren, Einwecken, Trocknen. Zum Einlegen in Essig und Silieren zu schade. Nicht roh essen.

Grünling, Echter Ritterling (Tricholoma auratum) **sehr gut**

Den Pilz erkennen: Der Botaniker kennt noch einen weiteren essbaren *Grünling* (Tricholoma flavovirens), Abb. 164 in «700 Pilze», der ausnahmsweise auch im Laubwald erscheinen kann, was den Sammler nicht verwirren soll. Ausser den beiden Grünlingen, die sich sehr ähnlich sehen, gibt es keinen Ritterling mit gelben Lamellen, der mild schmeckt und nach Mehl riecht. Der ganze Pilz ist gelblich bis olivgrünlich, der Hut mit Brauntönen vermischt und jung sehr schmierig-klebrig, so dass schwer zu entfernende Humusteilchen darauf haften. Die Lamellen sind ausgebuchtet. Der Stiel hat eine hellere Spitze und ist glatt oder etwas faserig.

Giftige Doppelgänger: Ungeniessbar ist ein ganz gelber Ritterling mit widerlichem Geruch nach Leuchtgas, der *Schwefelritterling* (Tricholoma sulphureum), Abb. 168 in «700 Pilze», der auch mit braunem Scheitel auftreten kann (Tricholoma bufonium), Abb 169 in «700 Pilze», und den gleichen üblen Geruch hat. Ein weiterer grünlicher Ritterling ist der ungeniessbare *Gallige Ritterling* (Tricholoma aestuans) der roh probiert bitter und scharf schmeckt.

Tips für die Küche: Dieser würzige Pilz mit dem etwas erdigen Aroma des Waldes ist für Einzel- und Mischgerichte sowie für Pilztorte geeignet. Delikat sind junge Pilze unzerteilt blanchiert in Würzessig eingelegt. Haltbarmachung durch Einfrieren, Einwecken, Trocknen, Einlegen in Essig, Silieren. Nicht roh essen.

Rauchblättriger Schwefelkopf, Graublättriger Schwefelkopf (Hypholoma capnoides) sehr gut

Den Pilz erkennen: Bei diesem büschelig wachsenden Pilz hilft zur Erkennung am schnellsten die Geschmacksprobe. Wenn man ein kleines Stückchen lange genug kaut, entwickelt sich ein typischer, nussartiger Geschmack, den man sich einprägen kann, um ihn nie wieder zu vergessen. Der minderwertige *Ziegelrote Schwefelkopf* (Hypholoma sublateritium), Abb. 352 in «700 Pilze», schmeckt merklich bis stark bitter. Der Rauchblättrige Schwefelkopf hat einen gelben Hut mit bräunlicher bis fuchsbrauner Mitte, er ist schon früh flach aufgeschirmt. Die anfangs weisslich-gelben Lamellen färben sich bald hell- bis dunkelgrau. Der Stiel ist an der Spitze gelb und wird dann über bräunlich zur Basis hin dunkelbraun. Das weissliche Fleisch ist im Stiel ebenfalls zur Basis braun.

Giftige Doppelgänger: Man beachte den giftigen Nadelholzschüppling (S. 222) mit bräunlichen Lamellen. Weitere ungeniessbare ähnliche Pilze haben weder graue Lamellen noch den typischen, nussartigen Geschmack. Der *Grünblättrige Schwefelkopf* (Hypholoma fasciculare), Abb. 353 in «700 Pilze», schmeckt roh probiert bitter und gilt als leicht giftig.
Tips für die Küche: Dieser hocharomatische Pilz verfeinert Mischgerichte, Fleischspeisen, Saucen und Suppen. Für Einzelgerichte und Pilztorte geeignet. Haltbarmachung durch Einfrieren, Einwecken und Trocknen. Zum Einlegen in Essig und Silieren zu schade. Nicht roh essen.

Frostschneckling (Hygrophorus hypothejus) **sehr gut**

Den Pilz erkennen: Nach den ersten Frösten kann man diesen Pilz scharenweise an kurzgrasigen Stellen an Wegen im Kiefernwald oder auf Heiden mit einzelnen Kiefern finden. Zu seiner Zeit gibt es keinen ähnlichen Pilz, der die Fröste übersteht, so dass der Frostschneckling mit seinem schmierig-schleimigen, braunen bis olivbraunen Hut von 3–5 cm Grösse leicht zu erkennen ist. Die anfangs weisslichen Lamellen werden später gelb und bei recht alten Exemplaren sogar bis orangegelb. Der blassgelbliche Stiel zeigt im oberen Teil bei jungen Exemplaren noch den Schleimwulst, der von der schleimigen Teilhülle zurückbleibt, die jung die Lamellen bedeckt. Das weissliche Fleisch riecht leicht süsslich.

Giftige Doppelgänger: Es gibt keinen Giftpilz, der mit dem Frostschneckling Ähnlichkeit hat.
Tips für die Küche: Der sehr aromatische Pilz ist für Einzel- und Mischgerichte geeignet und verfeinert Fleischspeisen, Saucen und Suppen. Der Schleim sollte gut von den Hüten abgewaschen werden. Haltbarmachung ist möglich durch Einfrieren und Einwecken. Zum Trocknen, Einlegen in Essig und Silieren zu schade. Nicht roh essen.

Lärchenschneckling (Hygrophorus lucorum) **gut**

Den Pilz erkennen: Dieser schön gelbe, kleine, gesellig auftretende Pilz kann zu seiner Zeit mit keinem anderen verwechselt werden. Der meist 3–5 cm grosse Hut ist jung klebrig-schmierig, so dass Humusteilchen daran haften bleiben, der Rand ist lange nach unten eingebogen. Die anfangs weisslichen Lamellen werden schon bald gelblich, sie sind dicklich, wie das für die Gattung typisch ist. Der weissliche Stiel zeigt jung einen schnell vergänglichen schwachen Schleimwulst als Rest der Teilhülle und ist an der Basis knollig angeschwollen. Das zarte Fleisch ist weisslich, unter der Huthaut gelb.

Giftige Doppelgänger: Es gibt keinen Giftpilz, der mit dem Lärchenschneckling Ähnlichkeit hat.

Tips für die Küche: Der zarte und aromatische Pilz ist für Einzel- und Mischgerichte geeignet. Haltbarmachung ist möglich durch Einfrieren und Einwecken. Zum Trocknen, Einlegen in Essig und Silieren zu schade. Nicht roh essen.

Giftpilz-Katalog

Grüner Knollenblätterpilz (Amanita phalloides) tödlich giftig

Den Pilz erkennen: Besonders unter Jungeichen, seltener unter alten Eichen und nur ausnahmsweise bei anderen Laubbäumen wächst von Juli bis Oktober der Grüne Knollenblätterpilz gesellig, in manchen Jahren sogar als Massenpilz. Die Farbe des 6–12 cm grossen Hutes variiert von Gelbgrün über Olivgrün bis Kupferbräunlich, oft ist er radialfaserig von dunkleren Farbtönen wie gestreift. Der junge Pilz ist gänzlich von einer weissen, häutigen Gesamthülle eingeschlossen, so dass er einem Ei ähnelt. Die Hülle reisst am Scheitel auf, und der Pilz schlüpft heraus mit zunächst klebrigem Hut, was man an den anhaftenden Humusteilchen und Eichenblättern erkennt. Später ist er trocken und mattseidig-glänzend, kahl oder mit nur einem Fetzen der Gesamthülle, niemals mit Flöckchen besetzt. Die freien weichen Lamellen bleiben bis ins Alter weiss. Der Stiel kann weiss oder mit Hutfarbe genattert sein, die Basis ist knollig verdickt und steckt in der häutigen abstehenden Scheide, die als Rest von der Gesamthülle zurückbleibt. Der Pilz hat zusätzlich auch eine Teilhülle, die jung die Lamellen bedeckt; davon bleibt zunächst eine lappige Manschette im oberen Teil des Stiels zurück, die meist abfällt, so dass der Stiel dann kahl erscheint. Das weisse zarte Fleisch riecht süsslich bis unangenehm. Es darf nicht probiert werden. Vor der weissen Abart des Grünen Knollenblätterpilzes (bezeichnet als varietas verna) muss besonders gewarnt werden, weil Ähnlichkeit mit Champignons und andern weissen Pilzen besteht.

Vergiftungserscheinungen: Erst 8 bis 20, oft erst bis 40 Stunden nach der Mahlzeit treten die ersten Anzeichen der Vergiftung mit Magenkoliken, Krämpfen, Erbrechen, Durchfällen auf. Der Betroffene muss schnellstens ins Krankenhaus. Der Pilz muss nicht tödlich wirken, wenn wenig davon gegessen wurde und eine gute Konstitution vorliegt.

Kegelhütiger Knollenblätterpilz, Kegeliger Wulstling, Spitzhütiger Knollenblätterpilz (Amanita verna)

tödlich giftig

Den Pilz erkennen: Der Pilz wächst von Juli bis September im Nadelwald und ist gebietsweise selten oder überhaupt nicht vorhanden. Wo er kommt, bringt er meist nur wenige Exemplare hervor. Der junge Hut ist kegelig-glockig und selbst nach dem langsamen Aufschirmen bleibt ein buckliger Scheitel erhalten, der sich vom übrigen weissen Hut ockergelblich bis hellbräunlich abhebt. Der Hut ist meist 7–10 cm gross, kahl und glatt, etwas klebrig. Die freien, bis ins Alter weissen Lamellen sind jung von einer zartfaserigen Teilhülle bedeckt, die nur kurze Zeit als hängende Manschette am Stiel bleibt. Der an der Spitze bereifte Stiel ist auf seiner ganzen Länge schuppig aufgeflockt und an der verdickten Basis von der etwas offenen Scheide bekleidet, die von der Gesamthülle zurückbleibt, die den jungen Pilz ganz umschlossen hat. Das weisse Fleisch riecht aasartig; es darf nicht probiert werden.

Vergiftungserscheinungen: Die ersten Anzeichen wie Magenschmerzen, Krämpfe, Erbrechen, Durchfälle treten erst 8 bis 20 oder sogar erst bis 40 Stunden nach der Mahlzeit auf. Der Vergiftete muss sofort ins Krankenhaus. Der Pilz muss nicht tödlich wirken, wenn wenig davon gegessen wurde und der Betroffene eine gute Konstitution besitzt.

Orangefuchsiger Hautkopf (Cortinarius orellanus) tödlich giftig

Den Pilz erkennen: Der ziemlich seltene Pilz kommt von August bis Oktober im Laub- und Mischwald auf saurem Boden vor. Er ist recht unbekannt, und man schenkt ihm erst mehr Beachtung, seit vor einigen Jahren in Polen Massenvergiftungen mit tödlichem Ausgang durch ihn ausgelöst wurden. Der meist 3–5 cm grosse Hut des Orangefuchsigen Hautkopfes ist orangebräunlich bis dunkelbraun, feinfaserig-matt, jung halbkugelig, aber bald flach aufschirmend und dann wellig-verbogen. Die ausgerandet oder mit kleinem Zahn herablaufenden Lamellen sind zimtbraun, dicklich und weitstehend. Der messinggelbe Stiel ist bräunlich befasert, manchmal leicht verdreht. Das gelbliche Fleisch riecht leicht rettichartig. Das Sporenpulver ist rostbraun. Etwas ähnlich, aber häufiger vorkommend ist der giftige *Spitzbuckelige Orangeschleierling* (Cortinarius speciosissimus), Abb. 413 in «700 Pilze», mit gelberen Farben und einer spitzen Papille in der Mitte des Hutes.

Vergiftungserscheinungen: Das Tückische an diesem Pilz ist, dass die Vergiftungserscheinungen erst 2 bis 3 Wochen nach der Mahlzeit einsetzen mit Koliken, Erbrechen, Durchfällen. Die Krankenhauseinweisung ist dann sofort erforderlich.

Ziegelroter Risspilz, Mairisspilz (Inocybe patouillardii) sehr giftig

Den Pilz erkennen: Im Mai/Juni kann dieser Pilz massenhaft in Parkanlagen, bei Sportplätzen, unter Gebüsch und im lichten Laubwald vorkommen. Der Hut bricht zunächst cremeweiss und kegelig-glockig aus dem nackten Erdreich hervor, schirmt bald bis etwa 7 cm Grösse auf unter Beibehaltung eines zentralen Buckels und reisst in der Oberhaut faserig auf, dann beginnt sich der Rand zu spalten. An Rissen und Spalten beginnend, verfärbt sich der ganze Hut ziegelrot. Auch die erst cremeweissen, später olivlichen Lamellen und der anfangs weissliche Stiel verfärben zunehmend ziegelrot. Das weissliche Fleisch riecht süsslich-spirituös.

Vergiftungserscheinungen: Dieser Pilz enthält eine grosse Menge Muscarin, das bald nach der Mahlzeit oder 2 bis 3 Stunden später zur Wirkung kommt. Es treten Magenschmerzen, Schwindel, allgemeine Schwäche, Pupillenverengung auf. Der aufgesuchte Arzt wird durch ein Gegenmittel helfen. Nur wenn kein Arzt zu erreichen ist, sollte Erbrechen durch lauwarmes Salzwasser (1–2 Esslöffel Salz auf ¼ Liter Wasser) ausgelöst werden.

Kegelhütiger Risspilz (Inocybe fastigiata) **giftig**

Den Pilz erkennen: Von Juni bis Oktober tritt dieser Pilz gesellig am liebsten auf nacktem Boden neben Waldwegen, unter Gebüsch in Parkanlagen, auf Friedhöfen und überall, wo einzelne Bäume und Sträucher stehen, auf. Er ist sehr variabel und kann in unterschiedlicher Farbe von Beige bis Olivbraun sowie auch mit stumpfem oder sehr spitzem Buckel auftreten. Auch die Grösse variiert zwischen 4 und 7 cm. Immer ist die Huthaut bald faserig-rissig und der Hutrand aufspaltend. Die anfangs blassen und später olivlichen bis bräunlichen Lamellen haben eine weissflockige Schneide. Der Stiel ist weisslich oder bräunlich, jung faserflockig, im Alter glattfaserig oder kahl. Das weissliche Fleisch hat keinen auffallenden Geruch.

Vergiftungserscheinungen: Wurde dieser Giftpilz versehentlich gegessen, so werden sich die ersten Erscheinungen einer Vergiftung wie Magenschmerzen, Schwindel, Schwäche bald nach der Mahlzeit, spätestens aber 2 bis 4 Stunden danach einstellen. Der Arzt wird an der Pupillenverengung feststellen, dass eine Muscarinvergiftung vorliegt, und Gegenmassnahmen treffen. Ist kein Arzt erreichbar, sollte Erbrechen des Mageninhaltes durch lauwarmes Salzwasser (1–2 Esslöffel Salz auf ¼ Liter Wasser) ausgelöst werden.

Pantherpilz (Amanita pantherina) **giftig**

Den Pilz erkennen: Von Juli bis Oktober kann der Pantherpilz im Laub- und Nadelwald erscheinen. Schon von oben her ist er an dem Kontrast der reinweissen Schuppen auf braunem Hutuntergrund zu erkennen. Das hebt ihn besonders von dem ähnlich gefärbten essbaren Grauen Wulstling (S. 109) ab, der beige bis graulich getönte Schuppen hat. Die Hutfarbe des Pantherpilzes kann zwischen hell- bis dunkelbraunen Farben variieren, der Hutrand ist bei älteren Pilzen gerieft. Die freien Lamellen sind bis ins Alter weiss. Von der Teilhülle, die jung die Lamellen bedeckt, bleibt eine schmale Manschette am Stiel zurück, die vergänglich ist. Der weisse Stiel ist zur Basis hin aufgeschuppt und endet wie eingestülpt in eine flache Knolle mit leicht abstehendem Rand. Das wird mit Kinder- oder Bergsteigersöckchen bezeichnet. Das weisse Fleisch riecht rettichartig.

Vergiftungserscheinungen: Das Muscarin in diesem Pilz bewirkt schon bald nach der Mahlzeit oder 2 bis 4 Stunden später Magenbeschwerden, Schwindel, Rauschzustände, Übelkeit. Der Arzt kann durch Gegenmassnahmen schnell Abhilfe schaffen. Ist kein Arzt zu erreichen, sollte das Erbrechen des Mageninhaltes durch lauwarmes Salzwasser (1–2 Esslöffel Salz auf ¼ Liter Wasser) gefördert werden.

	Hüllreste	Manschette	Stielbasis	Fleisch	Geruch
Pantherpilz	weiss	schmal glatt	Kinder söckchen	weiss	Rettich
Perlpilz (S. 110)	beige	breit leicht gerieft	knollig	Madengänge rosa	angenehm
Grauer Wulstling (S. 109)	grau	breit gerieft	knollig	weiss	Rüben

Fliegenpilz (Amanita muscaria) **giftig**

Den Pilz erkennen: Der hübsche Pilz der Märchenbücher, der Glücksbringer auf Gratulationskarten, auch Symbol für Wohlergehen und Erfolg ist etwas giftig. Bruno Hennig, der bekannte Mykologe, hat sich für den Verzehr des Pilzes eingesetzt und demonstriert, wie man ihn nach Abziehen der Huthaut essen kann. Es gibt Sammler, die ihn ohne Beschwerden genossen haben. Trotzdem sollte man auf ihn verzichten, da er durch seinen Muscaringehalt – je nach Standort unterschiedlich hoch – nun einmal zu den Giftpilzen gehört. Meist ist der Hut leuchtend rot und mit weissen, jung kegeligen Pusteln besetzt. Er kann aber auch orange bis orangegelb sein und fast oder auch ganz ohne weisse Flocken. Es gibt auch eine braune Form. Der Hut kann bis 20 cm gross werden. Das Foto zeigt gut alle Altersstadien. Die freien Lamellen sind bis ins Alter weiss. Von der Teilhülle, die jung die Lamellen bedeckt, bleibt eine hängende Manschette am weissen Stiel zurück. Die Basis endet in einer knolligen Verdickung und zeigt einige Warzengürtel, die sich im Alter jedoch stark verwachsen und nicht mehr so gut zu erkennen sind. Das Fleisch ist weiss und zart.

Vergiftungserscheinungen: Das Muscarin des Pilzes wirkt bald nach der Mahlzeit oder 2 bis 4 Stunden später mit Schwäche, Schwindel, eventuell Rauschzuständen. Der Arzt wird Gegenmassnahmen treffen und der Patient sich bald wieder wohl fühlen. Ist kein Arzt zu erreichen, sollte das Erbrechen des Mageninhaltes durch lauwarmes Salzwasser (1–2 Esslöffel Salz auf ¼ Liter Wasser) gefördert werden.

Riesenrötling (Entoloma sinuatum) **ziemlich giftig**

Den Pilz erkennen: Von Juli bis September erscheint dieser gebietsweise fehlende, in anderen Gegenden seltene Pilz im lichten Laubwald und kann bis auf angrenzende Wiesenflächen hinauswachsen. Er ist gesellig und tritt in Gruppen, Reihen und Ringen auf. Die Farbe des 6–20 cm grossen Hutes kann von Silbrig-Grau bis Graubraun und Olivlich ausfallen. Er ist eingewachsen-faserig, nicht wasseraufsaugend und glänzt mattseidig bis seidig. Die schmalen Lamellen sind ockergelb, dann etwas rötlich werdend. Der weissliche, glänzende Stiel ist bräunlich-faserig gerillt, an der Spitze weiss bereift. Das dicke weisse Fleisch riecht unangenehm drogenartig.

Vergiftungserscheinungen: Bald nach der Mahlzeit oder auch erst ein paar Stunden später treten die ersten Erscheinungen wie Übelkeit, Magenschmerzen, Schwindel und Schwäche auf. Der Arzt kann Gegenmassnahmen einleiten. Ist kein Arzt zu erreichen, sollte das Erbrechen des Mageninhaltes durch lauwarmes Salzwasser (1–2 Esslöffel Salz auf ¼ Liter Wasser) gefördert werden.

Tigerritterling (Tricholoma pardinum) giftig

Den Pilz erkennen: Von August bis Oktober erscheint im Laub- und Nadelwald auf Kalk der kompakte, dickfleischige Pilz. Der 4–12 cm grosse Hut ist deutlich geschuppt, die Farbe kann am gleichen Standort in einem Jahr grau, im andern braun sein. Auf weisslichem oder silbrigem Grund heben sich die farbigen Schuppen schülferig ab. Der jung glockig-halbkugelige Hut behält den derben Buckel auch nach dem Aufschirmen. Der Rand bleibt lange nach unten eingeschlagen. Die weisslichen Lamellen können einen gelblichen oder grünlichen Beiton haben und bei Feuchtigkeit Tröpfchen absondern, die sich dann auch an der Stielspitze finden. Der weissliche Stiel ist fest und voll, feinfaserig oder flockig, an der Basis manchmal rostfleckig. Das weissliche Fleisch riecht stark nach Mehl.

Vergiftungserscheinungen: Besonders roh probiert oder gar gegessen kann dieser Pilz zu einer starken Vergiftung führen. Ein paar Stunden nach der Mahlzeit zeigen sich die ersten Erscheinungen in schweren Magenkrämpfen, Schwäche und Schwindel, so dass sofort eine Krankenhauseinweisung veranlasst werden muss. Von jeglichen Selbsthilfeversuchen und Zeitverzögerungen muss dringend abgeraten werden.

Laubfreundtrichterling, Bleiweisser Trichterling giftverdächtig
(Clitocybe phyllophila)

Den Pilz erkennen: Ziemlich spät im Jahr, von Oktober bis zum Frost, kann besonders im Laubwald der Laubfreundtrichterling erscheinen. Sein bis 10 cm grosser Hut ist von einer weissen Schicht wie gefirnisst, wo sie aufreisst, scheint die gelbliche bis ockerbräunliche Hutgrundfarbe durch. Die gelblichen bis fleischrötlichen Lamellen laufen etwas am gleichfarbigen Stiel herab, der glatt und kahl ist und mit dem reichlichen weissen Basismyzel der obersten Laubschicht aufsitzt. Das wässrig-weisse Fleisch ist weich und riecht säuerlich.

Vergiftungserscheinungen: Falls dieser Pilz echte Vergiftungserscheinungen auslösen sollte, würden diese bald nach der Mahlzeit oder ein paar Stunden später mit Übelkeit, Magenschmerzen, eventuell Schwäche auftreten. Der Arzt kann Abhilfe schaffen. Ist kein Arzt zu erreichen, sollte durch lauwarmes Salzwasser (1–2 Esslöffel Salz auf ¼ Liter Wasser) das Erbrechen des Mageninhaltes gefördert werden.

Feldtrichterling (Clitocybe dealbata) giftig

Den Pilz erkennen: Dieser Pilz steht symbolisch für weitere kleine, weissliche oder hellgetönte, giftige Trichterlinge, die ihm ähnlich sehen, aber durch andere Gerüche (säuerlich, nach Anis) zu unterscheiden sind. Beim Feldtrichterling ist der ganze Pilz cremeweisslich, alt auch etwas graulich. Der jung noch ziemlich runde Hut schirmt bis 4(5) cm Grösse auf und ist dann ungleich verformt und wellig-verbogen, um im Alter nach oben aufzuschlagen. Die weisslichen Lamellen sind breit angewachsen, der weissliche Stiel ist kahl, vollfleischig, zur Basis verjüngt. Das weisse Fleisch ist zart und riecht mehlartig.

Vergiftungserscheinungen: Die ersten Anzeichen einer Vergiftung mit Magenschmerzen, Übelkeit, Schwäche, würden bei diesem Pilz bald nach der Mahlzeit oder ein paar Stunden später auftreten. Der Arzt kann Abhilfe schaffen. Ist kein Arzt zu erreichen, sollte durch lauwarmes Salzwasser (1–2 Esslöffel Salz auf ¼ Liter Wasser) das Erbrechen des Mageninhaltes gefördert werden.

Nadelholzschüppling (Galerina marginata) giftig

Den Pilz erkennen: Diesem Pilz wurde bislang wenig Bedeutung geschenkt. Erst in den letzten Jahren wird er unter die Arten eingereiht, die eine Vergiftung auslösen könnten. Da er viel Ähnlichkeit mit dem beliebten Stockschwämmchen (S. 92), das vorwiegend an Laubholzstümpfen wächst, hat, sollte der Sammler von seiner Existenz wissen. Er kommt von August bis Oktober nur an Nadelholzstümpfen oder -spänen vor und unterscheidet sich besonders durch den glatten oder zartfaserigen, nicht aber schuppigen Stiel, den das Stockschwämmchen aufweist. Der bis 3 cm grosse Hut ist gelblich-braun und hat in feuchtem Zustand eine durchwässerte Randzone mit leichter Riefung. Die hellbräunlichen Lamellen laufen etwas am Stiel herab. Der gelblich-bräunliche, glatte Stiel ist kurze Zeit mit einem vergänglichen, schmalen Ring bekleidet. Das Fleisch riecht und schmeckt stark mehlartig.

Vergiftungserscheinungen: Es sind kaum Vergiftungen mit diesem amanitinhaltigen Pilz bekannt oder beschrieben worden. Sollte er im Verdacht stehen, Magenbeschwerden, Schwäche oder sonstige Vergiftungserscheinungen ausgelöst zu haben, wird der Arzt helfen können. Sind erst 2 bis 4 Stunden nach der Mahlzeit vergangen, ist Erbrechen des Mageninhaltes durch lauwarmes Salzwasser (1–2 Esslöffel Salz auf ¼ Liter Wasser) angezeigt. Bei Spätwirkung des Amanitins (8–40 Stunden nach der Mahlzeit) ist sofortige Krankenhauseinweisung erforderlich.

Frühjahrslorchel (Gyromitra esculenta)

giftig

Den Pilz erkennen: Von März bis Mai wächst besonders bei Kiefern an sandigen Stellen die Frühjahrslorchel. Der dunkelbraune oder rotbraune Hut wird meist 5–8 cm hoch und breit. Seine Struktur könnte mit «lappig-gewunden oder hirnartig» bezeichnet werden, jedenfalls zeigt er keine scharfen Leisten zwischen wabenartigen Kammern wie die essbaren Morcheln. Der grauweissliche oder gelbliche Stiel ist grubig-furchig, faltig und höckerig. Das weissliche Fleisch ist zartknorpelig-brüchig. Der ganze Fruchtkörper ist völlig hohl. Die Einblendung zeigt die sehr ähnliche, ebenfalls nicht essbare Riesenlorchel (Maublancomyzes gigas), die einen helleren Hut und einen besonders kurzen Stiel hat. Früher wurden beide Arten als Speisepilze geschätzt, auf dem Markt gehandelt und tonnenweise industriell verarbeitet. Nach Abkochen und Wegschütten des Kochwassers waren sie geschmort oder gedünstet sehr wohlschmeckend. Als ein paar nicht ganz geklärte Vergiftungsfälle damit auftraten, erklärte man sie zu Giftpilzen.

Vergiftungserscheinungen: Sollte der Pilz im Verdacht stehen, eine Vergiftung ausgelöst zu haben, ist der Arzt aufzusuchen. Sind seit der Mahlzeit erst 2 bis 4 Stunden vergangen, kann versucht werden, das Erbrechen des Mageninhaltes durch lauwarmes Salzwasser (1–2 Esslöffel Salz auf ¼ Liter Wasser) auszulösen.

Bauchwehkoralle (Ramaria mairei) **leicht giftig**

Den Pilz erkennen: Die Bauchwehkoralle steht hier symbolisch für viele weitere bittere und daher ungeniessbare, mehr oder weniger gelbliche Korallen. Schon wegen ihrer Bitterkeit wird man diese Pilze nicht essen, so dass sie kaum eine Gefahr darstellen. Die Bauchwehkoralle wird 10–16 cm hoch. Sie erscheint von August bis Oktober im Laub- und Mischwald. Die graugelblichen Äste des korallenförmigen Fruchtkörpers sind etwas runzelig, sie enden in mehreren stumpfen Spitzen. Der etwa gleichfarbige Strunk zeigt nach Anschnitt derbes, weisses Fleisch, das herb schmeckt, während die Ästchen eher bitter sind.

Vergiftungserscheinungen: Bauchweh und eventuelle Durchfälle können die Folgen einer Pilzmahlzeit sein, wenn die Bauchwehkoralle gegessen wurde. Ärztliche Hilfe ist kaum nötig. Sind seit der Mahlzeit erst 2 bis 4 Stunden vergangen, kann versucht werden, das Erbrechen des Mageninhaltes durch lauwarmes Salzwasser (1–2 Esslöffel Salz auf ¼ Liter Wasser) auszulösen, dann tritt bald Linderung ein.

Kahler Krempling, Speckpilz (Paxillus involutus)

giftig

Den Pilz erkennen: Von Juni bis November tritt im Laub- und Nadelwald der Kahle Krempling massenhaft auf. Sein Name sagt schon: der Hut ist kahl, der Rand nach unten gekrempelt. Die Farbe des ganzes Pilzes ist meist gelbbraun, seltener rötlichbraun. An allen Teilen des Fruchtkörpers tritt nach Druck oder Verletzung eine dunkelbraune Verfärbung auf, weshalb er auch gebietsweise Empfindlicher Krempling genannt wird. Der Hut wird meist 6–10 cm gross. Die dichtstehenden Lamellen sind teils gabelig zusammengewachsen. Der etwas hellere Stiel ist vollfleischig. Das gelbliche Fleisch läuft nach dem Anschnitt braun an und riecht säuerlich-obstig. Dieser Pilz galt lange als essbar, wenn er ausreichend erhitzt wurde (mindestens 20 Minuten lang). Nach neueren Erfahrungen hat er jedoch schon zu schweren Vergiftungen und auch zum Tode geführt.

Vergiftungserscheinungen: Man kann gegen den Pilz allergisch sein, dann wird eine vorschriftsmässig gekochte Mahlzeit schon nach wenigen Stunden zu Magenkoliken, Erbrechen und Durchfall führen. Oder man verträgt den Pilz, dann kann trotzdem irgendwann ein schwerer Schaden nach einer Kremplingmahlzeit auftreten.

Birkenreizker (Lactarius torminosus) **ungeniessbar**

Den Pilz erkennen: Dieser Pilz gilt seit jeher als der giftige Doppelgänger des essbaren Blutreizkers. Er ist aber weder mit diesem zu verwechseln, weil er weisse Milch hat statt roter, noch ist er giftig. Nach Abkochen und Spezialbehandlung oder Silieren könnte er sogar essbar gemacht werden. In feuchtem Zustand ist der 5–15 cm grosse Hut schön ziegelrötlich, um bei Trokkenheit bis fleischfarben mit wenigen dunkleren Zonen auszublassen. Der jung nach innen eingerollte Rand ist zottig-fransig, später glatt. Die cremefarbenen Lamellen sind kurz vor dem Stiel teils gabelig zusammengewachsen und laufen etwas herab. Der gebrechliche, bald hohle Stiel ist weisslich-fleischrosa, glatt oder leicht grubig. Das helle Fleisch sondert eine weissliche Milch ab, die brennend scharf schmeckt.

Vergiftungserscheinungen: Man würde den Pilz im Mischgericht herausschmecken, weil er, unbehandelt, recht scharf ist. Er könnte Magenschmerzen verursachen.

Karbolchampignon (Agaricus xanthodermus) **unbekömmlich**

Den Pilz erkennen: Der Pilz sieht manchem essbaren weisslichen Champignon sehr ähnlich mit seinem weissen bis hellbräunlichen, schuppigen Hut, den rosa bis dunkelbraunen Lamellen, dem häutigen Ring am Stiel und der etwas knolligen Stielbasis. Auch das äusserliche Gilben bei Berührung hat er mit essbaren Champignons gemeinsam. Was ihn von diesen im Wesentlichen unterscheidet, sind der eigenartige Krankenhausgeruch (Karbol), der an frischgewachsenen Exemplaren deutlich vorhanden ist, und die chromgelbe Verfärbung, wenn man die Stielbasis senkrecht durchschneidet.

Vergiftungserscheinungen: Wenn man eine grössere Menge des Karbolchampignons im Mischgericht hätte, sagt man vielleicht: «Die Champignons sind auch nicht mehr das, was sie früher einmal waren!», und nur wer empfindlich ist, bekommt eventuell Magenbeschwerden.

Schönfussröhrling, Dickfussröhrling (Boletus calopus) bitter

Den Pilz erkennen: Besonders in Berglagen kommt von Juli bis Oktober vorwiegend im Nadelwald gesellig der Schönfussröhrling mit seinem wirklich prächtigen, schönen, rotgenetzten Fuss vor. Der meist 10–12 cm, aber auch grösser werdende Hut zeigt ein helles Lederbraun oder Blassgraubraun mit Gelbbeimischung, er ist mattfilzig-samtig. Die Röhren sind jung goldgelb, später schmutzig olivlich und verfärben auf Druck mehr oder weniger blau oder grünblau. Das weissliche Fleisch verfärbt nach Anschnitt schnell stärker oder schwächer bläulich und schmeckt bitter.

Vergiftungserscheinungen: Es soll Leute geben, die den Pilz regelmässig essen. Sie kochen ihn ab, und die restliche Bitterkeit stört sie nicht. Er ist kaum als giftig zu bezeichnen.

Gallenröhrling, Bitterling (Tylopilus felleus) ungeniessbar

Den Pilz erkennen: Von Juni bis Oktober erscheint dieser Pilz im Nadelwald gesellig. Oft merkt der Sammler erst beim Putzen, dass er gar keine Steinpilze gesammelt hat. Ihnen kann der Gallenröhrling, besonders in jungen Exemplaren, täuschend ähnlich sehen. Da hilft Probieren sofort und geht über Studieren. Die Bitterkeit lässt ihn rasch erkennen. Der mattbraune Hut ist kahl und feinfilzig, er wird 10–12 cm gross. Ältere Exemplare wird man besonders an der rosa bis rostbraunen Verfärbung der sonst weisslichen Röhren erkennen. Der Stiel ist dem Hut ähnlich gefärbt und ist auf der ganzen Länge fein genetzt; das erhabene Netz ist anfangs bräunlich, im Alter beinahe schwarz. Das Fleisch ist weisslich und fest.

Vergiftungserscheinungen: Man wird kaum in Versuchung kommen, ein Gericht aufzuessen, in welchem Gallenröhrlinge enthalten sind; es schmeckt widerlich bitter. Vielleicht können Magenbeschwerden auftreten.

Satansröhrling (Boletus satanas) **schonenswert**

Den Pilz erkennen: Dieser Pilz ist nicht giftiger als andere roh giftige Pilze auch, und das ist bei den meisten guten Speisepilzen der Fall. Aus der Literatur geht hervor, dass in Gebieten, wo der Satansröhrling häufig ist, junge Exemplare davon zu den gebräuchlichen Esspilzen zählen. Da er meist selten ist oder gebietsweise, zum Beispiel im Norden Europas, ganz fehlt, kann man ihn auch schonen, zumal ältere Pilze einen aasartigen Geruch abgeben und vermutlich auch nicht anders schmecken. Der meist 12–20(30) cm grosse Hut ist hellgrau, im Alter ockerlich bis olivlich. Die gelblichgrünlichen Röhren haben karminrote Mündungen, so dass bei Aufsicht das Röhrenpolster rot erscheint. Auf Druck verfärbt es blau. Der meist bauchige Stiel zeigt ein feines Netz auf teils gelbem, teils rotem Grund. Das hellgelbliche Fleisch verfärbt nach Anschnitt mehr oder weniger bläulich.

Vergiftungserscheinungen: Gut durchgeschmort ist der Pilz nicht giftig. Vom Netzstieligen Hexenröhrling (S. 169), der zu den gebräuchlichen Speisepilzen zählt, ist bekannt, dass er roh genauso giftig ist wie der Satansröhrling.

Pilzküche

Vor dem Kochen zu lesen

Zuerst sortieren

Gleich nach der Rückkehr vom Pilzausflug alle Körbe vorsichtig ausschütten, damit Luft an die Pilze kommt. Dann geht es ans Sortieren für unterschiedliche Verwertung:
- Zum Trocknen die schon im Wald geputzten Pilze und solche, die ohne Waschen gut zu reinigen sind
- zum Trocknen für köstliche Flüssigwürze minderwertige Massenpilze und abgeschnittene Stiele von Hallimasch, Stockschwämmchen, Parasolpilz u. a. m.
- zum Einwecken ganz junge Exemplare
- zum Sauereinlegen ebenfalls möglichst junge Pilze. Diese und die zum Einwecken können zusammen vorgekocht und danach für die jeweilige Weiterverarbeitung geteilt werden.
- zum Einfrieren gemischte Pilze
- zum Sofortverbrauch Hüte von Parasol, Brätlinge, Blutreizker
- für morgen ein paar junge bis mittlere Pilze ohne Maden, im Kühlschrank aufbewahren
- zum Silieren minderwertige Pilze (Rotbrauner Milchling, Trichterlinge) und Massenpilze
- für Pilztorte und -kuchen trockene Pilze wie Täublinge, Ritterlinge, Schweinsohr, Krause Glucke u. a. m.

Das Putzen muss nicht mühsam sein

Selbst wenn vor lauter Sammeleifer im Wald nicht gut geputzt wurde, braucht man sich nicht lange mit den Pilzen aufzuhalten. Die Huthaut wird nur bei ganz wenigen Arten entfernt, wenn sie schmierig ist (Butterpilz, Goldröhrling, Kuhmaul) oder sich besonders gut ablösen lässt (Perlpilz, Grauer Wulstling); das ist beim jeweiligen Pilz vermerkt. Tannennadeln und Erdteilchen werden mit dem Küchenmesser abgesammelt, der Stiel, nur wenn er schmutzig ist, abgeschabt. Fertig ist der Pilz. Lamellen und Röhrenpolster bleiben dran.

Am besten nicht waschen

Nur wenn es durchaus nicht anders geht, werden die Pilze gewaschen, zum Beispiel Grünlinge, deren junge Hüte so klebrig sind, dass Sand fest auf ihnen haften bleibt. Dann möglichst einen dünnen Wasserstrahl über den Hut laufen lassen und dabei mit einem Schwamm oder einer Bürste den Schmutz abwaschen. Da die Huthaut mancher Pilze wasserundurchlässig ist, saugt das Pilzfleisch bei dieser Behandlung kein Wasser auf.
Nehmen andere Arten dagegen beim Waschen reichlich Wasser auf, empfiehlt sich das anschliessende Ausdrücken in der Hand oder zwischen zwei Brettchen. Diese wasseraufsaugenden Pilzarten leiden nicht darunter und zerbrechen auch nicht, im Gegensatz zu spröden Pilzen (beispielsweise Täublinge), die jedoch kaum Wasser aufnehmen und auch trocken geputzt werden können.

Durch richtiges Schneiden die beste Geschmacksentfaltung

Nur durch möglichst gleichmässiges Aufschneiden des Pilzes in feine Scheibchen (blättrig) kann er sein Bestes hergeben. Grössere Hüte erst vierteilen, bevor man Scheibchen davon schneidet, der Stiel wird rund dünn aufgeschnitten und – nur, wenn er sehr stark ist (wie beim Steinpilz) – erst der Länge

nach ein- oder zweimal durchgeteilt. Auch kleine, junge Pilze sollten immer blättrig geschnitten werden. Der Stiel braucht bei ihnen nicht vorher abgetrennt zu werden, sondern wird mit dem Hut zusammen aufgeschnitten; er ist noch so jung, dass er nicht zähfaserig sein kann, wie es bei älteren Stücken der Fall ist. Auf Fotos von Pilzgerichten wird man oft auch grössere Pilzstücke oder junge Pilze ganz belassen finden, das ist jedoch nur ein Fototrick, weil so dem Auge mehr Anreiz geboten wird, der Gaumen käme zu kurz dabei.
Für Essigpilze lässt man gern die jungen Pilze ganz, weil es hübsch aussieht. Bei der späteren Verwendung zu Salat u.ä. wird man sie auch zerschneiden, es sei denn, sie dienen nur als Dekoration. Für Spezialgerichte wie Pilzbouletten müssen die Pilze sogar gehackt oder durch den Fleischwolf gedreht werden.
Eine Ausnahme in der Stärke der Pilzstücke macht man lediglich bei den Pilzen, die getrocknet werden sollen. Sie werden etwas dicker geschnitten. Da Pilze zu 98% aus Wasser bestehen, würde sonst nach dem Trocknen von sehr dünnen Scheibchen so wenig übrig bleiben, dass man die Reste kaum von der Papierunterlage oder dem Drahtgitter abheben könnte.

Je mehr Arten, desto runder das Aroma

Erst Pilzmischgerichte mit so vielen Arten wie möglich ergeben den richtigen Wildpilz-Waldgeschmack, der mit keinem noch so guten Edelpilz allein erzielt werden kann. Wie oft habe ich bei den Gemeinschaftsessen während meiner Lehrgänge sagen hören: «Noch nie habe ich so gute Pilze gegessen!» Es waren dann auch um die dreissig Pilzarten enthalten, aber nicht etwa erlesene, sondern alles, was der Wald zu dieser Zeit gerade bot: Täublinge, Ritterlinge, Röhrlinge, Raslinge, Hallimasch, Zigeuner, Schweinsohr, Schnecklinge, Krause Glucke, Schafsporling, wenn wir Glück hatten als besondere Aromaspender einige Stockschwämmchen, Nelkenschwindlinge, Graublättriger Schwefelkopf und, wenn wir grosses Glück hatten, sogar ein paar Knoblauchschwindlinge oder ein bis zwei Exemplare vom Saitenstieligen Knoblauchschwindling für den allerletzten Pfiff.
Wenn all diese Pilze fein aufgeschnitten sind, findet der optimale Aromaaustausch statt. Da gibt der herzhafte Pilz dem von der Natur mit Geschmack stiefmütterlich ausgestatteten, und dieser ergreift seine Chance und saugt sich mit dem guten Aroma voll, so dass allen zusammen diese unnachahmliche Wildpilz-Geschmackssensation gelingt.

Garzeiten

Die Garzeiten hängen lediglich von der Menge der Pilze ab. Eine grosse Pfanne voll wird länger brauchen als eine Portion für eine Person. Wenn Schmorpilze einmal gut durchgekocht wurden, sind sie schon gar. Es gibt keine Pilze, die 20 Minuten oder gar 45–60 Minuten kochen müssen, wie es manchmal angegeben wird. Die einen werden weich sein (Röhrlinge), andere werden immer bissfest bleiben (Täublinge). Besonders hartfleischige Pilze muss man eben noch feiner aufschneiden, damit die Stücke nicht unangenehm roh wirken; durch längeres Kochen werden sie nicht weicher.
Es gibt für Pilze jeder Beschaffenheit spezielle Rezepte, die im Pilzsteckbrief angegeben sind, so wie man dort auch Angaben über die Beschaffenheit des Pilzfleisches findet.

Pilze sind zum Schmoren da

Das Schmoren hat den Pilzen ihren sagenhaften Ruf eingebracht, und wenn es auch noch so viele andere Verarbeitungsmöglichkeiten gibt, sollte nicht vergessen werden, dass diese Methode des Garens wirklich die allerbeste für Pilze ist. Das Grundrezept für geschmorte Pilze zeigt allein schon so viele Abwandlungen, dass an Überdruss der immer gleichen Zubereitungsart so schnell nicht zu denken ist.

Schmorpilz-Grundrezept

200 g gemischte Pilze pro Person
1 EL Öl, Margarine, Schmalz, Butter oder Speckwürfel, 1 Zwiebel, Salz und Pfeffer
Die Pilze blättrig schneiden, die Zwiebel würfeln. In der Pfanne das Fett erhitzen oder die Speckwürfel glasig bis gelb anbraten, die Zwiebelwürfel darin andünsten und die Pilze zufügen. Bei ungewaschenen Pilzen am Anfang leicht umrühren, damit sie nicht anbrennen. Keine Flüssigkeit zufügen, weil sich genü-

gend Saft bildet. Nur extrem trockene Pilze werden mit etwas zusätzlichem Wasser angesetzt. Mit Salz und Pfeffer abschmecken. Einmal gut durchkochen lassen. Fertig.

Auf diese Weise zubereitet, werden die Pilze jetzt schon sehr gut sein, besonders, wenn man mehrere Arten zur Verfügung hatte. Die folgenden Abwandlungen geben Ihnen Gelegenheit, Ihre Pilze immer wieder anders schmecken zu lassen. Alle Verfeinerungszutaten werden zum Schluss zugegeben.
- Gehackte Petersilie passt zu allen Pilzen.
- Etwas Sahne rundet das Aroma ab.
- Ein Stich Butter verfeinert das Ganze.
- Fleischbrühwürze gibt eine pikante Note.
- Knoblauch erinnert an die Provence.
- Mit dem Bratensatz von Koteletts (Schnitzel, Steaks, Bouletten) passen die Pilze genau zum Fleisch.
- Mit dem Saucenrest von gestern und ein paar übriggebliebenen Fleischstückchen gibt es ein ganz neues Essen.
- Etwas Weisswein oder Zitronensaft schreibt die französische Küche vor.
- Rotwein kann auch nicht schaden.
- Verrührte Eier darin stocken lassen gibt Jägerfrühstück.
- Ein Scheibchen Käse auf den fertigen Pilzen schmelzen oder ein Eckchen Schmelzkäse unterrühren gibt Fülle.
- Viele Kräuter lassen auch mindere Pilze noch schmecken, aber eben nach Kräutern.

Wie diese Schmorpilze gegessen werden können:
- im Reisrand
- mit Knödeln
- mit Kartoffelbrei
- mit Rösti
- mit Rührei
- in Eierkuchen oder Omlette eingeschlagen
- auf geröstetem Toastbrot
- auf Toastbrot mit einer Scheibe Käse im Ofen überbacken
- als Füllung in vorgeschmorten und ausgehöhlten Tomaten, Zwiebeln oder Kohlrabi
- in Kohlblättern als Krautwickel
- in Pastetenförmchen
- schichtweise mit gekochten Kartoffeln oder Nudeln als Auflauf
- als Auflage für die Pizza
- für Pilztorte zu 1000 Gramm recht trocken geschmorten Pilzen 2 Tassen saure Sahne, 3 Eier, 2 EL Mehl, 1 EL Kümmel geben und auf Mürbeteig etwa 1½ Stunden backen.

Braten bei einigen Pilzen Bedingung

Es gibt einige Pilze, die nur durch scharfes Braten geniessbar werden, dann aber recht schmackhaft sind. Beim Brätling sagt schon der Name, wie er zuzubereiten ist; er schmeckt jedoch auch roh und gehört zu den wenigen Pilzen, die roh nicht giftig sind. Der Parasol (S. 66) und der vorbehandelte Rotbraune Milchling (S. 142) sind nur gebraten gut, die diversen Blutreizkerarten werden wegen ihrer Bitterkeit meist gebraten, und der Pfeffermilchling ist überhaupt nur auf diese Weise geniessbar zu machen (Spezialrezept S. 237). Wer für gebratene Pilze schwärmt und nicht die ausgesprochenen Bratpilze gefunden hat, kann natürlich auch andere Pilze dazu nehmen (zum Beispiel Steinpilz und Rotkappe), die dann möglichst in ½ cm dikke Scheiben geschnitten werden.

Pilzhüte gebraten

Hüte von Brätling, Blutreizker, Parasol, sauber geputzt aber ungewaschen, Bratfett, Salz und Pfeffer
Das Fett in der Pfanne erhitzen und bei mittlerer Hitze die mit Salz und Pfeffer bestreuten Hüte von beiden Seiten hellbraun braten. Dazu passen Bauernbrot und grüner Salat.

Pilze paniert gebraten

Hüte von Parasol, Blutreizker oder Scheiben von Steinpilz, Rotkappe, Schweinsohr, Schwefelporling usw., Bratfett, 1 Ei, Salz und Pfeffer, Mehl und Semmelbrösel zum Panieren
Das Fett in der Pfanne erhitzen. Die Pilzhüte oder -scheiben leicht salzen und pfeffern, in Mehl wälzen, durch das verrührte Ei ziehen und in den Semmelbröseln wenden. In der Pfanne bei schwacher Mittelhitze von beiden Seiten hellbraun braten. Bei zu starker Hitze verbrennt die Panierung zu schnell, während der Pilz noch nicht durchgegart ist.
Wer gern mit Friteuse oder dem Fettopf arbeitet, wird darin eine gleichmässige Bräunung und Garung erzielen.

Abwandlungen:
- nach dem Umdrehen in der Pfanne eine kleine Scheibe Käse zum Schmelzen auf jeden Hut legen
- auf den fertigen Hüten je ein Stückchen Kräuterbutter oder Knoblauchbutter zergehen lassen
- die gebratenen Hüte nebeneinander in eine feuerfeste Form legen, verrührte Eier darübergiessen und im Ofen stocken lassen
- in die Eiermasse zusätzlich kleingewürfelten rohen oder gekochten Schinken mischen, nach dem Festwerden Streifchen von eingelegter Paprika oder Delikatessgurken darauf verteilen.

Pilzsuppen sind nicht zu verachten

Suppen- und Eintopfliebhaber werden Pilze natürlich auch in ihre Lieblingsrezepte mit einbeziehen, denn sie lassen sich mit fast allen übrigen Zutaten kombinieren. Sie vertragen sich mit Fleisch aller Art genausogut wie mit Gemüse. Suppen aus Frischpilzen sind zart im Geschmack und werden wie Schmorpilze (S. 235) zugerichtet und dann mit Wasser oder Fleischbrühe aufgefüllt und ebenso wie Schmorpilze immer wieder einmal mit verschiedenen Beigaben abgewandelt, zum Beispiel mit saurer Sahne, Kräutern, Rot- oder Weisswein.
Kräftige Pilzsuppe, die ausschliesslich nach Pilzen schmecken soll, ist nur mit Trockenpilzen zu erzielen. Erst durch das Trocknen erhält der Pilz sein pikantes Aroma. Deshalb sollten recht viele, auch minderwertige Arten getrocknet werden, denn auch sie entwickeln so den typischen Pilzgeschmack. Nach dem Auskochen sind die Pilzreste für nichts mehr zu gebrauchen.

Pilzsuppe, 4 Portionen

1 Tasse getrocknete Pilze, ¾ l Wasser, ½ TL Salz, 1 Prise Pfeffer
Die getrockneten Pilze mit dem Wasser aufsetzen, Salz und Pfeffer zugeben und etwa 20 Minuten ziehen oder sanft kochen lassen. Dann ist das Aroma völlig aus den Pilzen herausgekocht. Die Brühe wird abgesiebt, die Pilzstücke etwas ausgepresst und weggeworfen. Diese fettlose aromatische Pilzbrühe ist heiss ebenso wie eiskalt eine Delikatesse.

Mögliche Einlagen:
- ein paar frische Pilzstückchen, die kurz darin aufgekocht werden

- Erbsen, Wurzeln, Spargeln, Röschen von Blumenkohl
- Eierstich oder Eiereinlauf
- Schwemmklösschen
- Ziernudeln, Reis oder Graupen
- Semmelkloss
- gehackte Kräuter

Pilzcremesuppe

Brühe nach dem vorangegangenen Rezept, 1 EL Butter, 1 EL Mehl, ½ Tasse Sahne, 1 Eigelb
Die Pilzbrühe bereiten und abseihen. Die Butter im Topf zerlaufen lassen, das Mehl gut darin durchschwitzen, die Brühe aufgiessen und alles mit dem Schneebesen klümpchenfrei verrühren. Nochmals mit Salz und Pfeffer abschmecken. Hitze abschalten. Das Eigelb mit der Sahne verrühren und die Suppe damit legieren. Ergänzung: in Butter gebräunte Weissbrotwürfel auf die fertige Suppe streuen.

Die ausgewählt beste Haltbarmachung

Die Haltbarmachung richtet sich einerseits nach den gefundenen Pilzen – Hinweise dafür finden Sie bei jedem einzelnen Pilz im Pilzkatalog – und andererseits nach den späteren Verwertungsabsichten:

- tiefgefrorene Pilze für Pilzgemüse (Schmorpilze), Frischpilzsuppen, Eintöpfe, Salat, Pilzbouletten, Pilztorte
- eingeweckte Pilze für Pilzgemüse (Schmorpilze), Frischpilzsuppen, Eintöpfe, Salat, Pilzbouletten, Pilztorte, in Eierkuchenteig getaucht und fritiert
- getrocknete Pilze als Aromaspender für Saucen, Suppen, Eintöpfe und für köstliche Flüssigwürze
- silierte Pilze für Pilzgemüse (Schmorpilze), Eintöpfe, Salat, und für Magenempfindliche, die trotzdem auf Pilze nicht verzichten möchten
- Essigpilze für Salat, Sülze und Garnierung

Aus dieser Aufstellung ersehen Sie, dass jede Pilzkonserve von vornherein zielbewusst angelegt werden kann: Tiefgefrorene und eingeweckte Pilze eignen sich für Pilzgemüse (Schmorpilze), wofür jedoch keine getrockneten Pilze in Frage kommen, weil sie nie wieder zu Frischpilzen werden, ausgenommen Morcheln, Krause Glucke und Morchelbecherling, die auch nach dem Einweichen wieder fast ihren Frischgeschmack erreichen. Wer hingegen den Pilzgeschmack an Saucen und Suppen sehr liebt, sollte sich so viele Pilze wie möglich trocknen, weil nur sie die gewünschte pikante Würze geben. Wer Massenpilze schmackhaft und darüber hinaus monatelang haltbar machen möchte, wird diese silieren. Durch die Milchsäuregärung bei der Silage werden die Pilze magenfreundlicher und noch gesünder. Feinschmeckers i-Tüpfelchen jedoch ist die köstliche Flüssigwürze, immer zur Hand und genau dosierbar. Sie ist nicht vergleichbar mit dem früher üblichen Pilzextrakt, der aus Frischpilzen gekocht wurde und eigentlich immer eine grosse Enttäuschung war. Nur aus Trockenpilzen lässt sich die ideale Pilzwürze gewinnen. Essigpilze halten sich zwar wochenlang, aber sie sind nur als Garnierung oder in kleinen Mengen für Salat, Sülzen u.a. zu gebrauchen. Der Pilzgeschmack geht bei dieser Behandlung verloren.

Pilze einfrieren

Die blättrig geschnittenen Pilze in der Pfanne mit wenig Fett oder auch ganz ohne kurz durchschmoren und nach dem Abkühlen in Gefrierbeuteln oder geeigneten verschliessbaren

Gefässen einfrieren. Das oft empfohlene Blanchieren der Pilze nimmt ihnen das beste Aroma und sollte daher nicht angewandt werden. Tiefgefrorene Pilze können unbedenklich ein bis zwei Jahre (und länger) in der Gefriertruhe gelagert werden. Bei der späteren Verwertung kommen sie als Eisblock in die Pfanne oder den Kochtopf und müssen nicht vorher aufgetaut werden.

Pilze einwecken

Die blättrig geschnittenen Pilze mit wenig Wasser einmal aufkochen, die meist schleimige Brühe abseihen und anderweitig verwenden. Die Pilze in Gläser füllen und mit frischem Wasser bis etwa 2 cm unter den Rand aufgiessen. 2 Stunden bei 98 °C sterilisieren oder im Schnellkochtopf 10 Minuten bei 2 Ringen. Es empfiehlt sich, Pilze ein bis zwei Tage später noch einmal die halbe Zeit nachzuwecken, nur dann kann man sicher sein, dass alle Fäulniserreger abgetötet sind. Ausser Originalweckgläsern können auch Industriegläser mit Twist-off-Deckel benutzt werden. Sie haben den Vorteil, dass Pilze für Beilagen in kleinen

Mengen vorrätig sind, da es sie auch mit geringem Fassungsvermögen gibt. Die Deckel werden vor dem Einwecken fest geschlossen.

Pilze trocknen

Kleine, dünne Pilze einmal durchschneiden, dicke Pilze in 2 bis 3 mm starke Scheiben schneiden. In einem warmen Raum auf Packpapier oder Drahtgitter luftig auslegen oder auf dem «Dörrex»-Trockenapparat trocknen. Im Backofen hat schon mancher seine Pilze verdorben, weil dort die nötige Menge an Luft fehlt. Sobald die Pilze einmal schwitzen oder feucht werden, können sie als unrettbar abgeschrieben werden. Sie würden vielleicht irgendwann noch trocknen, sind aber übelriechend und auch schon gesundheitsgefährdend.

Pilze silieren

Massenpilze (Violetter Rötelritterling, Fuchsiger Trichterling usw.) und sogar durch Bitterkeit sonst ungeniessbare Arten (zum Beispiel Rotbrauner Milchling) können durch Silieren essbar und gut gemacht werden. Die in diesem Falle nur grob zerteilten Pilze werden einmal in etwas Wasser aufgekocht, die Brühe abgesiebt. In einen Steintopf, Glasgefäss o. ä. lagenweise Pilze, Salz und Zucker (auf 1 kg Pilze 15 g Salz und 10 g Zukker) einschichten und zum Schluss eine Tasse Sauermilch darübergiessen. Abgekochtes und erkaltetes Wasser aufgiessen, bis die Pilze gerade davon bedeckt sind. Ein sauberes Leintuch auflegen, darauf einen Teller oder ein Brett mit einem Stein beschwert. In einem beheizten Raum stehen lassen. Die bald einsetzende Gärung wird etwa 8–10 Tage dauern. Anschliessend die Pilze kühl aufbewahren. Sie sind dann ½ Jahr oder länger haltbar. Das Leintuch muss vielleicht zwischendurch einmal ausgewaschen werden.
Diese Pilze sind für Pilzgemüse (Schmorpilze) genauso zu gebrauchen wie für Pilzsalat u. ä. Wer noch genügend Platz in der Kühltruhe hat, kann nach der abgeschlossenen Gärung die Pilze auch portionenweise einfrieren. Der Effekt des Silierens ist dann nicht die Haltbarmachung durch diese Methode, sondern die Geniessbarmachung und Geschmacksanreicherung minderwertiger Pilze sowie die verbesserte Bekömmlichkeit.

Köstliche Flüssigwürze

Getrocknete Pilze, auch aus minderwertigen Arten, in wenig Wasser ½ Stunde auskochen, abseihen und die Pilzrückstände in einem Tuch fest ausdrücken, damit wirklich aller wertvoller Pilzsaft gewonnen werden kann. Auf eine Tasse Flüssigkeit etwa 1 Esslöffel Salz geben und noch etwas einkochen lassen. Dank der Salzzugabe ist diese Würze fast unbegrenzt haltbar. Für Saucen und Suppen zu verwenden und auch für Pilzgerichte, die nicht genug nach Pilz schmecken.

Essigpilze

Weil es hübscher aussieht, kleine Pilze ganz belassen, grössere in gefällige Stücke schneiden, einmal in wenig Wasser aufkochen, abseihen und die meist schleimige Brühe anderweitig verwenden. Die Pilze in ein grosses verschliessbares Glas füllen und einen kräftig süss-sauren Essigsud aufgiessen (reiner Weinessig, Salz und Zucker nach Geschmack). Mögliche Gewürze sind Pfefferkörner, Senfkörner, Lorbeerblätter, Piment, Pepperoni, Dill. Die Pilze halten sich im Kühlschrank mehrere Monate. Bei späterer Verwertung für Salat, Sülze u. ä. die Pilze dann fein aufschneiden, damit sie die überschüssige Säure gut an die anderen Zutaten abgeben können.

Register

der lateinischen und deutschen Namen

A. Deutsche Namen

1. Speisepilze

2. Giftpilze

B. Lateinische Namen

1. Speisepilze

2. Giftpilze